지금부터 품격 있게 입는다

지금부터
품격있게
입 는 다

STYLE BIBLE FOR BUSINESSMAN

김두식 지음

예문

어떻게 입느냐가
어떤 사람인지를
보여준다

제가 패션 비즈니스를 시작한 1970년대 후반만 해도 우리나라에서는 패션이나 스타일을 사치와 동일시했습니다. 지금은 거의 찾아볼 수 없는 정장 양복에 흰색 면양말 차림이 당연하던 때였습니다. 패션에 민감한 남자들은 폄하되기 일쑤였고, 옷은 엄마와 부인이 사주는 것으로 여기던 시절입니다. 그래도 괜찮았습니다. 그저 옷은, 깨끗하게 빨아 입는 것이 최고의 미덕이던 시절이었으니까요.

해외 출장을 다니며 소위 '패션 선진국'에서 비즈니스 파트너들을 만나면서 패션의 중요성을 깨닫기 시작했습니다. 그러나 다시 생각해 보면 패션 비즈니스와 관련된 일을 하지 않아도 옷 입기는 중요합니다. 하는 일과 나이를 불문하고, 우리에게 옷이 필요하지 않은 날은 하루도 없기 때문입니다.

저는 비즈니스에서 패션의 중요성을 일찍 깨달았습니다. 스타일은 타고난 감각에만 의존해 완성되는 것이 아닙니다. 세상 모든 일이 그렇듯 관심과 애정을 갖는다면 스타일도 발전하게 됩니다.

회사 신입사원 중에 스타일에 대한 관심을 보이며 노력하는 이들을 봅니다. 경력이 쌓일수록 세련된 스타일로 변해 가는 그들은 업무에서도 빛을 발합니다. 조직에서 리더가 되려는 이들에게 패션이 중요한 이유를 여기에서 찾습니다. 인생의 선배가 되고, 조직의 리더가 되려는 남성에게 옷차림은 능력이자 매너입니다.

누군가의 옷장엔 검은색 터틀넥 스웨터와 청바지가 절반이 넘을 수도 있습니다. 또 누군가는 말했습니다. 무엇을 입을까 고민할 시간조차 없다고. 그 결정도 존중합니다. 그러나 우리는 다양한 아이템 속에서 자신의 취향을 드러내고, 자신을 표현하는 또 다른 언어로 패션을 향유합니다.

지금 옷장을 열고 스타일링을 시작해 보십시오. 신뢰감을 주는 정직하고 말끔한 네이비 수트, 긴장감이 느껴지는 깨끗한 화이트 셔츠, 편안함을 선사하는 캐시미어 터틀넥 스웨터 등 당신의 옷장에는 이미 스타일을 완성하기에 모자람이 없는 아이템들이 구비되어 있을 것입니다. 더 필요한 것은 '옷'에 관심을 가지는 것뿐!

이 책에서 알려드릴 기본 원칙과 노하우가 당신의 무뎌진 스타일링 감성을 깨우기 바랍니다.

남자의 스타일을 만드는 기본 원칙

오늘날은 누구나 개성적이고 세련된 옷차림이 무엇인지를 고민하는 시대입니다. 옷을 잘 차려입는 사람은 비즈니스에서도 경쟁 우위를 가지며, 자신만의 개성을 살린 스타일링은 일상생활의 활력소가 되어 줍니다.

그렇다면 어떻게 해야 옷을 잘 입을 수 있을까요?

단순히 옷을 입는 것과 옷을 '제대로' 입는 것은 다릅니다. 옷을 잘 입어서 자신의 몸처럼 편안하게 소화시켜야 비로소 옷을 잘 입었다고 할 수 있습니다. 그렇게 되기 위해서는 많은 옷을 입어보고, 옷 입기에 익숙해져야 합니다. 이런 과정을 거치다 보면 코디네이션이 제대로 되었는지, 어색하거나 억지스러운 부분은 없는지 판단할 수 있게 됩니다.

기본적으로 옷을 잘 입고 못 입고는 그 자신의 센스와 관련이 있습니다. 물론 센스를 타고나서 옷을 잘 입는 사람도 있지만, 이성적으로 바라보자면 옷 입기와 관련한 센스는 학습에 의해 발전될 가능성이 큽니다. 어떻게 입어야 잘 입는 것인지 그 원칙을 이해하고, 그것을 제대로 실행하면서 익숙해지다 보면 패션 감각이 체득되고 자신만의 패션 센스가 단단하게 뿌리내릴 것입니다. 나아가 새로운 트렌드를 흡수하며 발전해 나갈 수 있게 됩니다.

골프에도 비기너, 보기 플레이어, 디지트 핸디캡 플레이어의 순서가 있듯이 베스트 드레서가 되는 데도 순서가 있습니다. 먼저 옷 입기의 원칙(기본)을 지키고, 그 원칙을 응용해 시도하고 체득하면 더 개성적이고 세련된 스타일이 완성될 것입니다.

스타일링의 핵심 원칙 4

본격적인 내용에 들어가기에 앞서, 가장 기본이 되는 옷 입기의 공식을 소개하겠습니다. 일단 기억해야 할 것은 남성 스타일의 기본 원칙이라 할 4가지, 즉 드레스 업·드레스 다운·드레스 매치·믹스 앤 매치입니다.

"패션 센스는 하루 아침에 키워지지 않는다. 스마트한 패션을 완성하는 원칙을 이해하고, 스타일의 기본 룰을 파악해야 한다. 세련된 스타일은 이러한 것들을 이해하는 학습에서 시작된다."

'정장을 입는다'는 의미의 드레스 업은 남성 포멀 스타일의 기본이다. 과거에는 화려한 복장이나 포멀웨어를 입는 것을 드레스 업이라고 생각했다. 그러나 스타일의 성숙기에 접어들면서 '지금 가지고 있는 복장을 한 단계 레벨업하며, 긴장감을 높여가는 옷차림으로 드레시한 분위기를 연출하는 테크닉'이라는 개념으로 바뀌었다.

예를 들어, 비즈니스 수트를 입을 때 깨끗한 드레스 셔츠를 입고 넥타이를 매면 긴장감이 올라가고 드레스 업 느낌이 더욱 강해진다. 여기에 동일한 원단의 베스트가 더해진 스리피스 수트를 입는다면 더욱 드레스 업한 느낌을 줄 수 있을 것이다.

드레스 업 Dress Up

↑

드레스 매치 Dress Match ← ───────── → **믹스 앤 매치**Mix & Match

↓

드레스 다운 Dress Down

요즘에는 드레스 업과 드레스 다운만으로는 설명할 수 없는 다양한 옷 입기 개념이 새롭게 생겨나 주목받고 있다. 그중 하나가 드레스 매치라 불리는 개념으로, 옷 입기 좌표 가로축의 한쪽에 위치한다.
드레스 매치는 현대적이면서 시크한 분위기를 표현하는 데 매우 효과적인 테크닉이다. 한마디로 비슷한 컬러·패턴·소재·디자인끼리 전체를 마무리하는 방법을 가리키며, 이를 통해 차분하면서 원숙한 분위기를 연출하는 것이다. 정적인 이미지가 강한 옷차림이 드레스 매치의 가장 큰 특징이라고 할 수 있다.

한때는 옷만 잘 입으면, 특히 수트만 잘 입으면 드레스 업이라 생각하던 때가 있었다. 하지만 캐주얼화 경향이 강해지며 수트 스타일링을 포함한 남성 스타일 전반에 드레스 다운이라는 새로운 경향이 등장했다. 드레스 다운의 핵심은 긴장감을 완화해 나가는 옷차림으로 릴랙스한 분위기를 표현하는 것이다. 단순히 캐주얼하게 입거나 흐트러진 느낌을 주는 것이 아니다. '여유롭고 편안하면서도 멋있어 보인다'는 인상을 주는 차림이 바로 드레스 다운이다.

옷차림 좌표 가로축에서 드레스 매치와 반대쪽에 위치하는 것이 믹스 앤 매치 스타일이다. 드레스 매치가 정적인 것에 비해 믹스 앤 매치 스타일은 동적인 이미지가 강하다. 단어 그대로 믹스 앤 매치는 어떤 것은 다르게 교차시키고(믹스) 어떤 것은 하나로 맞춰나가는(매치) 방식으로, 컬러·패턴·소재의 3요소 사이에서 이루어진다.
예를 들어, 컬러는 믹스하면서 패턴을 매치하거나 혹은 반대로 진행하는 것이다. 이렇게 완성된 믹스 앤 매치는 역동적이면서 밸런스가 잘 맞아 수트 차림과 캐주얼 차림 모두 폭넓게 응용할 수 있다.

상농하담(上濃下淡) 상의는 진하게, 하의는 연하게

세퍼레이트 룩을 입는 기본적인 방법으로 '콤비 스타일의 정석'이라 할 수 있다. 짙은 네이비 블레이저에 라이트 그레이 팬츠를 맞춰 입는 식이다. 상농하담 스타일은 스마트한 인상을 주어 어느 자리에나 무난하다.

상의 솔리드 · 하의 패턴

팬츠에 패턴이 있으면 복장 전체에 생동감이 생긴다. 팬츠를 중심으로 코디하는 이 방법은 데님 패션이 등장한 이래 인기를 모으고 있는 보텀 룩bottom look과도 같은 뜻이다. 이 경우에도 팬츠의 패턴 컬러 중 하나를 재킷 컬러와 코디네이트하는 것이 중요한 포인트다.

상담하농(上淡下濃) 상의는 연하게, 하의는 진하게

비교적 새로운 코디네이션 방법으로, 현대적인 이미지를 표현하는 효과가 있다. 상의에 밝은 컬러를 많이 배치하고 하의를 짙은 컬러로 마무리해서 스포티한 분위기를 강조할 수 있다. 상농하담 또는 상담하농을 선택하더라도 상하의 컬러 차이를 작게 하면 수트처럼 보이고 드레시한 느낌이 전해진다. 반대로 상하의 컬러 차이를 크게 하면 캐주얼한 인상이 강해진다.

상의 패턴 · 하의 솔리드

재킷이나 아우터는 패턴이 들어 있는 경우가 많으며, 패턴을 넣은 팬츠도 점점 늘고 있어 패턴 코디네이션이 중요해지는 추세다. 말 그대로 재킷은 패턴으로, 팬츠는 솔리드로 코디하는 이 방법은 정통적인 옷차림에 속한다. 간단히 생각할 수 있지만, 보다 스마트하게 입기 위해서는 재킷의 컬러 중 한 가지를 팬츠의 솔리드 컬러와 맞춰 입는 정도의 작은 테크닉이 필요하다.

패턴 온 패턴 코디네이션

재킷과 팬츠의 컬러와 패턴을 조합하는 위의 4가지 원칙은 세퍼레이트 스타일링의 기본이다. 위 4가지 원칙을 이해했다면 패턴과 패턴을 매치하는 수준 높은 테크닉인 패턴 온 패턴 코디네이션pattern on pattern coordination을 익힐 차례다. 스타일 고수들의 테크닉으로 통하는 패턴 온 패턴은 잘 맞춰 입으면 절묘한 패션 감각을 연출하며 현대적인 감성을 드러낼 수 있다. 그러나 잘못하면 아무렇게나 걸쳐 입은 듯 촌스럽게 보일 수도 있으므로 많은 연구를 해야 한다.

패턴 온 패턴 코디네이션의 포인트는 앞서 설명한 믹스 앤 매치 방법을 시도해 보는 것이다. 다시 말해, 어떤 것은 다르게 믹스해 보고 어떤 것은 하나로 매치시켜 보는 것이다. 먼저 컬러 · 패턴 · 소재를 살펴보는 데서부터 시작하면 된다.

패턴을 맞춰 입는 경우에도 패턴 사이의 '주종 관계'를 만드는 것이 중요하다. 예를 들어, 재킷의 패턴은 '주', 팬츠의 그것은 '종'이라는 확실한 관계를 만들어둔다. 이것은 패턴의 크기나 강약의 느낌에 따라서 쉽게 결정할 수 있다. 또한 복장 전체를 패턴으로 통일하는 것은 피하는 편이 좋으며, 복장 어딘가에는 무늬가 없는 솔리드 부분을 남겨 놓아야 한다. 그래야 제대로 된 옷차림이라 할 수 있는데, 이는 그림에 비유하자면 여백의 미와 같은 것이다.

캐주얼웨어를 품격 있게 연출하는 법

재킷과 팬츠로 구성되는 캐주얼 상하의 한 벌을 세퍼레이트 스타일separate style이라고 합니다. 패션계 전반에 캐주얼 차림이 늘어나는 추세로, 그에 따라 재킷과 팬츠로 구분되는 세퍼레이트 스타일에 대한 관심이 높아지고 있습니다. 재킷을 잘 입기 위해서는 상의와 하의를 맞춰 입는 감각이 중요한데, 특히 컬러 코디네이션(배색)과 패턴 코디네이션(무늬 조합) 센스를 키워야 합니다. 어울리는 컬러를 선택하고 TPPO(언제, 어디에서, 누구와, 무엇 때문에)를 고려한 옷차림에 신경 쓴다면 자연스러운 매력을 어필할 수 있을 것입니다.

컬러 코디네이션의 기본 원칙

패션 컬러 코디네이션에는 기본적으로 동계색 배색과 대조색 배색이라고 하는 2가지 방법이 있습니다.

첫째, 동계색 배색은 하모니harmony 컬러 코디네이션이라고도 합니다. 이 코디네이션의 가장 큰 특징은 전체적으로 차분한 느낌을 주는 것입니다. 전체를 동일 계열 컬러로 통일하는 방법으로, 1가지 컬러 속에서 명도를 다르게 해서 조합하는 방법을 '원 컬러 코디네이션'이라 하고 유사한 컬러들끼리 조합하는 방법을 '패밀리 코디네이션'이라 합니다.

원 컬러 코디네이션의 대표적인 방법은 라이트 블루, 미디엄 블루, 다크 블루 등 블루 계열 컬러 중에서 명도가 다른 컬러로 코디하는 것입니다. 예를 들어, 블루 컬러에 보라나 청록색 등 유사한 컬러를 코디하면 패밀리 코디네이션이라 할 수 있습니다.

둘째, 대조색 배색은 콘트라스트contrast 컬러 코디네이션이라고도 합니다. 대조적인 컬러를 사용해서 액티브한 느낌을 연출하는 방법으로, 레드와 그린처럼 전혀 다른 반대색(보색)을 조합하는 것도 여기에 포함됩니다.

같은 계열의 컬러로 조합했어도 베이지와 브라운처럼 확연하게 명도 차이를 주면 콘트라스트 코디네이션 효과가 납니다. 패션에서의 컬러 코디네이션은 색채학상의 그것과는 미묘하게 다를 수 있다는 데 주의할 필요가 있습니다.

컬러와 패턴 매치, 이것만 기억하라

컬러와 패턴의 코디네이션 공식을 몇 가지만 알아도 세퍼레이트 스타일을 한층 업그레이드할 수 있습니다. 상농하담, 상담하농, 상의 솔리드·하의 패턴, 상의 패턴·하의 솔리드, 패턴 온 패턴 코디네이션이 그것입니다. 이 5가지 매치 원칙만 기억해도 더욱 감각적이고, 어떤 자리에서든 돋보이는 스타일링이 가능해질 것입니다.

CONTNETS

2

성공한 남자의 여유로움,
봄 여름 스타일링

3

비즈니스맨의 스타일을
살리는 디테일

리더로서 기억해야 할 스타일 포인트는
위압적이지 않으면서도
구성원에게 자연스럽게 존경받는 편안하고
품격 있는 옷차림이다.

1

◈

품격이 묻어나는 멋스러움,
가을 겨울 스타일링

PART 1 F/W

F/W JACKET

재킷 패션을 통해 스타일과 매너까지 업그레이드하라!
내면에서 풍겨 나오는 당당함. 리더로서의 관록이 느껴지는
남성 재킷 패션의 A to Z.

F/W 시즌의 필수품인
머플러는 패턴이나 컬러에
따라 스타일을 극적으로
변화시키는 아이템이다.
폭이 넓고 대담한 패턴과
컬러의 머플러를 매치하면
더욱 젊어 보인다.

센스와 품격이
드러나는
재킷 스타일

경영자, 혹은 중역으로 승진하는 리더들을 보면 행동 하나하나에 관록이 묻어남을 알 수 있다. 이들은 패션에도 풍부한 인생 경험과 관록이 드러나기를 원한다. 넉넉한 포용력과 커뮤니케이션 능력, 그리고 청년 못지않은 행동력을 보여주는 리더들은 후배들에게 귀감이자 선망의 대상이 된다. 여기에 패션 센스까지 갖춘다면 후배들의 롤모델이 되기에 부족함이 없을 것이다. 심플한 컬러와 패턴·디자인·실루엣의 옷을 마련하고, 좋은 재질의 옷을 선택하는 것을 잊지 말자. 더욱 중후한 스타일로 매력을 어필할 수 있을 것이다.

재킷은 나이보다 젊어 보이면서도 관록이 느껴지는 중년의 스타일링을 위한 필수 아이템이다. 재킷은 수트와 마찬가지로 네이비와 그레이 컬러가 가장 적합하다. 재킷을 잘 입기 위해서는 팬츠와 이너웨어 등 다른 옷과의 조합을 생각해야 한다. 어떤 스타일의 옷과 맞춰 입어야 가장 잘 어울리고 편안해 보이는지를 파악하는 것이 중요하다. 가장 많이 입는 네이비와 그레이 컬러 재킷뿐 아니라 브라운 재킷과 체크 패턴 재킷도 옷장에 갖춰놓는 것이 좋다. 이러한 재킷들은 투피스 캐주얼로도 입을 수 있고, 휴일 차림에도 잘 어울린다.

한편 영국의 소박한 매력을 느낄 수 있는 트위드 소재는 F/W 시즌 남성의 옷장에서 빠뜨릴 수 없는 아이템이다. 최근에는 가벼운 봉제 스타일의 트위드풍 재킷과 더불어 니트 소재 재킷도 늘고 있다.

주말에 입을 수 있는 아이템으로는 사파리 재킷과 가죽 재킷을 추천한다. 캐주얼한 스타일의 필드 재킷은 남성스러운 액티브한 느낌이 매력적이다. 가죽 재킷은 브라운 컬러의 스웨이드 소재를 선택함으로써 활용도를 높일 수 있다.

브라운과 블루, 상반된 컬러를
코디해 산뜻함이 느껴진다.
멀티 컬러 재킷에 버건디 팬츠를
코디한 스타일은 캐주얼과 드레스
요소를 감각적으로 믹스한 에지
있는 스타일링이다. 절묘한 컬러
매치 밸런스가 돋보인다.

BROWN BIG CHECK JACKET

브라운 빅 체크 재킷

➤ 체크 속의 컬러를 적극 활용하라

일반적으로 크기가 큰 체크무늬는 코디하기 어렵다고 생각한다. 그러나 큰 체크무늬에는 2~3가지의 컬러가 섞여 있는 경우가 대부분이고, 그중 1~2개 정도의 컬러를 선택해서 셔츠나 팬츠 컬러를 통일하면 세련된 스타일을 완성할수 있다. 비즈니스 자리라면 컬러 사용을 최대한 자제하고, 컬러 톤도 억제하는 것이 좋다. 패턴과 패턴을 중복해서 사용하면 한층 세련된 인상을 줄 수 있다. 빅 체크무늬만큼이나 패턴 매치를 어렵게 생각하는 사람들이 많다. 패턴의 크기나 간격이 비슷한 것들은 피하고 컬러의 수를 최대한 자제하는 것이 규칙이다. 이것만 지키면 된다.

1 컨트리풍의 소박함이 느껴지는 베이지 코듀로이 팬츠는 브라운
빅 체크 재킷과 잘 어울린다. 2 화려한 컬러의 페이즐리 프린트 스톨은
카디건에 넣어 보이는 부분을 조절하면 부담 없이 즐길 수 있다. 3 네이비
카디건을 재킷과 레이어링하면 경쾌해 보여서 활동적인 스타일이 된다.

F/W JACKET STYLE

BROWN GUN CLUB
CHECK JACKET

브라운 건클럽 체크 재킷

➤ 하모니 & 콘트라스트가 모두 가능한 아이템

비슷한 컬러의 조합으로 이루어진 작은 체크무늬 재킷은 재킷의 전체적인
컬러와 동일한 느낌의 톤온톤 하모니 코디 또는 반대색을 활용하는 콘트
라스트 코디가 모두 가능하다. 특히 컬러 자체에서 소박함이 느껴지는 브
라운 스몰 체크 재킷은 약간 개성 있는 콘트라스트 코디를 통해 단번에 멋
있어진다.

만약 아웃도어 느낌이 강한 베스트나 스트라이프 셔츠 등과 함께 입으면
아메리칸 캐주얼 스타일을 연출할 수 있다. 평소 잘 시도하지 않았던 데님
팬츠도 생각 외로 잘 어울리기 때문에 캐주얼이 어울리는 주말의 오프 스
타일로 제격이다.

재킷은 셔츠만 입는 것보다 니트나 베스트를 하나 더 입는 편이 더 세련돼 보인다. 이때 셔츠는 깃과 소매 끝
을 제외한 부분이 거의 보이지 않기 때문에 굳이 무늬가 없는 것을 선택하지 않아도 좋다. 재킷에 포켓치프
같은 액세서리를 더하면 드레시한 느낌이 들면서 비즈니스 스타일에도 잘 어울린다.

1 젊은 세대의 아메리칸 캐주얼
느낌이 물씬 풍기는 아웃도어
스타일이다. 블루 스트라이프
셔츠와 블루 데님 팬츠를
통일하고 베스트와 슈즈의
컬러를 통일했다.
2, 3 밝은 톤의 데님 팬츠와
블루 스트라이프 셔츠를 활용해
전체를 액티브하게 연출하고
캐주얼한 느낌의 브라운
스웨이드 슈즈로 마무리했다.

재킷과 베스트를 셋업하여
클래식한 분위기를 연출했다.
브리티시 스타일에
블루 스트라이프 셔츠와
브라운 타이 등으로 모던한
느낌을 더했다. 드레시함을
베이스로 캐주얼한 감각을
믹스한 스타일이다.

BROWN & GREY JACKET

브라운 & 그레이 재킷

➤ 남성 재킷의 기본 중의 기본

브라운과 그레이는 남성복의 기본이 되는 컬러다. 이 두 컬러가 섞여있는 재킷은 멀리서 보면 평범한 그레이 재킷 같지만, 가까이서 보면 저지 소재인 캐주얼 재킷이다. 블루, 그레이, 그린, 아이보리 등 어떤 컬러와 매치하느냐에 따라 다양한 온·오프 스타일 연출이 가능하다.

아이보리 컬러 베스트와 블루 스트라이프 셔츠, 블루 플라워 패턴 포켓치프, 브라운 팬츠의 조합은 아주로 에 마로네(192페이지 참고)의 원칙에 따라 품위 있는 스타일을 완성해 준다. 재킷의 패턴보다 큰 하운드투스 패턴 베스트를 코디하면 액티브한 이미지를 연출할 수 있다. 그린 컬러의 셔츠를 제외한 모든 아이템을 그레이와 블루 컬러의 원 톤으로 마무리하면 전체가 밋밋하지 않고 깊이감 있는 차림으로 마무리된다.

1 슈즈는 드레시한 것보다 릴랙스한 느낌의 밝은 브라운 스웨이드 소재 로퍼가 제격이다. 2 브라운&그레이 컬러의 체크 재킷과 베스트의 패턴 온 패턴 매치의 코디에 블루 컬러의 울 소재 치크로 악센트를 주었다.

네이비와 브라운이 믹스된 체크
재킷에 브라운 코듀로이 팬츠를
코디했다. 재킷에 그린 니트로
콘트라스트 효과를 주었다.
여기에 베이지 머플러로 자연스럽게
아주로 에 마로네를 연출했다.

MIX & MATCH STYLE

믹스 앤 매치 스타일

► 패션 상급자의 스타일을 배운다

믹스 앤 매치는 각기 다른 성격의 것들을 믹스(조합)하고 매치(조화)해 멋을 내는 테크닉이다. 이를 패션에 도입한 믹스 앤 매치 스타일이 패션 상급자들 사이에서 새로운 코디 개념 중 하나로 등장하고 있다.

믹스 앤 매치 스타일은 패턴·소재가 각기 다른 형식을 취하면서 상하의 컬러가 패턴·소재의 어느 부분과 연관성을 가지는 것을 말한다. 재킷과 팬츠 등의 상하를 다른 것으로 착용해 멋을 내고 싶을 때 컬러 톤과 패턴, 소재감 등을 이용해 코디네이션하면 한층 세련되어 보인다. 이것은 상하 수트나 재킷에만 해당되는 것이 아니라 한 가지 컬러의 타이, 한 가지 컬러의 셔츠 등 코디해야 할 대상에 모두 적용된다. 이를 통해 패션에 통일성을 부여한다고 생각해도 좋다. 그런 의미에서 믹스 앤 매치는 각각 다른 상하의를 제대로 맞춰 입어야 한다는 이론에 따른 밸런스 좋은 코디네이션이라고 할 수 있다.

1 강한 컬러의 대비가 눈에 띈다. 긴장감과 릴랙스한 느낌을 동시에 연출했다. 산뜻한 그린 컬러가 액티브한 재킷 스타일에 깊이를 더한다. 2 블랙과 네이비의 2컬러 콤비네이션. 윙팁으로 개성을 나타냈다. 베이식한 단색 슈즈보다 디자인성이 있기 때문에 흔치 않으면서도 멋진 분위기를 자아낸다.
3 모노톤의 경우 액세서리를 활용해서 밝고 산뜻하게 연출하는 것도 필요하다. 편안한 저녁 모임에서는 멋진 포인트를 살짝 시도해 보는 것도 좋겠다. 4 시크한 그레이 체크 재킷에 니트 베스트, 버튼다운 데님 셔츠, 블랙 니트 타이를 코디했다. 패턴과 소재를 믹스 앤 매치한 비즈니스 스타일이다. 캐주얼한 느낌의 데님 셔츠가 단조로움을 보완해 준다.

F/W JACKET STYLE

TWEED JACKET

트위드 재킷

브리티시 헤리티지 요소가
느껴지면서도 현대적인
분위기. 헤링본 패턴에
브라운, 카멜, 레드 컬러가
믹스되어 모던한 느낌을
연출한다. 니트는 휴일
스타일에도 잘 어울린다.

1 재킷의 체크무늬 속 컬러에 맞춰 머플러와 포켓치프의 컬러를 선택했다. 이를 통해 휴일의 화려하면서도 여유로운 스타일이 완성되었다. 2 브라운 컬러의 코디에 화려한 블루 스카프를 매치했다. 다소 과해 보일 수 있으나, 셔츠 칼라 안에 넣어 밖으로 보이는 부분을 최소화하면 인상이 더욱 화사해 보이는 동시에 패션 감각이 느껴진다.

► 헤링본, 글렌체크 등 영국풍의 캐주얼 재킷

수트나 재킷은 유행에 관계없이 영국 스타일이 한 축을 이룬다. 그렇기 때문에 항상 주목받는 것이 바로 트위드 소재다. 원래는 스코틀랜드 지방에서 생산되던 직물을 지칭하던 트위드는 귀족들의 수렵용 재킷이나 클래식한 수트 스타일의 이미지가 강하다.

약간 거칠게 직조된 트위드 원단은 따뜻히 느껴져 릴랙스한 분위기를 낸다. 그 때문에 캐주얼한 이미지가 강하지만, 헤링본 같은 차분한 패턴이나 컬러의 트위드를 고르면 비즈니스 상황에도 충분히 어울린다. 트위드는 대부분 두꺼운 조직이기 때문에 무겁게 보일 수 있으므로 밝은 컬러의 아이템과 같이 입고, 스포티하고 편하게 입기 위한 연구가 필요하다. 트위드 재킷과 함께 플란넬 소재 팬츠를 입으면 약간 딱딱한 분위기로 느껴질 수도 있다. 캐주얼한 느낌을 원한다면 치노나 코듀로이 팬츠 등과 매치하는 것이 더 좋다.

여기에 더해, 트위드 특유의 기모감에 맞춰 니트 스웨터를 잘 차려입으면 훨씬 멋스럽다. 이때 니트는 매끄러운 소재보다는 약간 거친 텍스처가 잘 어울린다. 영국 스타일의 무늬가 있는 니트를 입으면 스타일링 포인트도 되고 훨씬 분위기 있어 보인다. 니트는 변화를 주기 위해서 사용하거나 영국 스타일의 무늬가 있는 것을 입어서 옷차림의 악센트로 활용하는 것이 좋다.

3 미디엄 네이비, 레드, 베이지가 믹스된 정통파 글렌체크 재킷은 네이비 니트, 버건디 팬츠, 블루 포켓치프 등 재킷에 배열된 컬러를 사용해 코디하면 안정감 있어 보인다. 재킷의 패턴이 대담하므로, 그 밖의 아이템은 솔리드를 선택하는 것이 좋다.

깊이 있는 카멜 컬러와 베스트의
짙은 컬러가 대비되어 안정감을
준다. 강약 효과가 나며 차분함이
느껴지는 배색은 약간의 긴장감과
여유로운 느낌을 동시에 연출한다.
이너로 사용한 화이트 셔츠와 연한
바이올렛 컬러의 아스코트 타이가
밝고 산뜻한 악센트 효과를 낸다.

1 태슬 장식의 로퍼는 캐주얼
재킷 차림에 잘 어울린다.

LIGHT COLOR JACKET

라이트 컬러 재킷

➤ 상담하농(上淡下濃)의 원칙에 맞게 입을 것

밝은 컬러의 재킷은 중년의 얼굴을 더욱 화사해 보이게 하는 효과가 있다. 그러나 웬만한 패션 감각 없이는 쉽게 시도하지 못하는 것도 사실이다. 옷 입기의 기본 원칙 중에서 상담하농의 원칙에 맞춰 라이트 컬러 재킷을 입으면 실패할 확률이 거의 없다.

라이트 그레이 컬러의 재킷을 톤온톤으로 매치하면 컬러의 통일에서 오는 편안한 분위기를 즐길 수 있다. 베이지 빛이 감도는 그레이 재킷에 크림 컬러 폴로셔츠, 카키 그린 컬러 팬츠를 매치하면 무심한 듯 시크한 룩이 완성된다.

카멜 컬러의 캐시미어 재킷을 블랙 니트 베스트와 그레이 체크 팬츠와 함께 입으면 엘리건트한 스타일의 캐주얼 룩을 완성할 수 있다. 와인을 마시러 가거나, 지인의 집에 초대받았을 때 무겁지 않은 느낌으로 연출하기에 제격이다. 이때 슈즈는 카멜 컬러 재킷과 어울리는 브라운 톤을 추천한다. 굳이 셔츠만 고집하지 말고 폴로셔츠나 칼라가 있는 니트 서츠 같은 편안한 이너와도 입어보자.

2 머플러나 백에 콘트라스트 코디를 하면 패션 센스가 한층 업그레이드된다.
3, 4 베이지 그레이 재킷, 크림색 캐시미어 니트 셔츠, 카키 그린 컬러의 조합은 F/W 시즌에 활용하기 좋은 톤온톤 코디다. 보다 신뢰감 있는 인상을 준다.

VEST

베스트

► 체크 속의 컬러를 적극 활용할 것

베스트는 젠틀맨의 워드로브(옷장)에 꼭 갖춰 놓아야 할 아이템이다. 셔츠 위에 베스트를 걸쳐 입는 것만으로도 인상이 확 바뀐다. 영국에서는 원래 서

1

2 **3**

1 데님 셔츠와 브라운 스웨이드 베스트가 활동적인 이미지를 연출한다. 벨트도 베스트 컬러와 통일감을 주어 액티브한 느낌을 더했다. **2** 체크 패턴 셔츠에서 볼 수 있는 네이비 베스트와 데님 팬츠, 브라운 슈즈가 아웃도어 라이프스타일을 보여준다. **3** 그레이 터틀넥 스웨터와 그레이 팬츠로 차분하게 스타일링 하고, 여기에 포인트가 되는 버건디 베스트를 매치해 우아함을 더했다. **4** 그린과 블랙 컬러가 과감하게 조합된 팬츠지만, 그레이 베스트를 매치해 전체적으로 부드럽게 느껴진다. 타이를 더해 비즈니스 스타일이 됐지만, 노타이로 연출하면 캐주얼한 무드로 변신할 수 있다.

츠를 속옷으로 여겼기 때문에 재킷을 입지 않고 셔츠 하나만 입고 외출하는 건 상식에서 벗어나는 일이었다. 이것이 베스트를 입게 된 배경이다.

셔츠에 임팩트를 줄 수 있는 베스트는 소재나 패턴의 느낌이 아주 중요하다. 그런 면에서 특히 트위드 베스트는 다양한 TPO에 활용되는 만능 아이템이다. 트위드 베스트를 화이트 셔츠, 타이와 매치하면 댄디하면서도 활동적인 느낌을 줄 수 있다. 셔츠 대신 니트 아이템과 매치하면 우아하고 따뜻한 이미지가 표현된다.

1 셔츠와 데님은 블루 톤으로 자연스럽게 이어지고, 브라운 체크 베스트는 브라운 슈즈와 연결된다. 블루와 브라운이 어우러진 세련되고 안정적인 스타일링이다. 2 블루 셔츠와 그레이 베스트의 세련된 컬러 매치. 셔츠 안으로 살짝 보이는 스카프 연출이 세련된 멋을 드러낸다. 3 화이트 버튼이 상쾌한 인상을 주는 베스트다. 화이트 셔츠와 밝은 톤 팬츠를 매치해 S/S 시즌 베스트 스타일링의 매력을 표현했다.

4 제일 아래 단추는 잠그지 않는 것이 베스트를 입는 자연스러운 방법이다. 5 사이즈를 조절할 수 있는 밴드는 너무 꼭 조이거나 느슨하지 않게 조절한다.

F/W SUIT

남성복 트렌드는 점점 캐주얼 스타일을 추구하고 있지만,
수트는 여전히 남성의 스타일에서
가장 중요한 부분을 차지한다.

아무리 개성과 취향이
중요해졌다 하더라도,
수트만큼은 기본 원칙을
지켜야 한다. 그래야
품격 있는 스타일을 완성할
수 있다. 셔츠·타이·팬츠의
밸런스를 고려해 수트
스타일을 완성해 보자.

수트를
제대로 입는
4가지 원칙

———

200년이 넘는 세월 동안 수트는 사회 지도층의 가장 격식 있는 옷차림으로, 수트를 입고 일하는 것은 남자가 지녀야 할 품위로 여겨져 왔다. 어떤 이들은 상하의 세트로 구성된 수트 차림을 쉽게 생각할 수 있지만, 소재·패턴·라펠의 두께·피트감 등에 따라 수트 스타일도 확연하게 차이가 난다. 비즈니스에서의 수트 스타일링을 중심으로 휴일의 오프 스타일까지 꼭 마스터하길 바란다.

수트를 더 잘 입기 위한 첫 번째 원칙은 '바르게 입기'다. 지나치게 화려한 디자인의 수트를 입는 다든가, 과하게 보일 만큼 여유로운 핏을 입는다면 옷차림이 결코 훌륭하다고 할 수 없다. 전통적인 방법에 따라 아주 자연스러운 감각으로 바르게 입는 것이야말로 수트 스타일링의 기본 중 기본이다. 이것은 또 '심플하게 치장한다'고 하는 것과도 통한다.

두 번째 원칙은 서츠에 있다. 수트 차림은 서츠나 타이 등 액세서리 조합에 의해 결정된다고 해도 과언이 아니다. 특히 서츠의 칼라나 깃·소맷부리 등은 수트 밖으로 1~1.5cm 정도 보이게끔 하는 것이 원칙으로, 이렇게 해야 멋진 밸런스가 이뤄진다.

세 번째 원칙은 팬츠 밑단의 밸런스를 정확하게 파악하는 것이다. 팬츠 밑단이 슈즈 등에 걸리는 길이가 적당하며, 서 있을 때 양말이 보이지 않아야 한다.

마지막으로 수트의 주머니에는 물건을 넣지 않도록 주의한다. 수트에 있는 주머니는 악센트를 주기 위한 장식적인 디자인이며, 물건을 넣는 실용성은 없다고 봐야 한다. 여기에 휴대전화나 자동차 열쇠처럼 무게 있는 물건을 넣으면 수트 실루엣이 망가진다. 수트 주머니에 넣어도 되는 것은 가슴 포켓을 장식해 주는 포켓치프 정도다. 필요하다면 속주머니를 활용하거나 작은 백을 사용하는 것이 좋다.

NAVY SUIT

네이비 수트

► 중후한 매력과 스마트한 이미지를 동시에 표현

남성 패션의 트렌드가 점차 캐주얼화되어 가고 있다 해도, 수트가 남성 스타일의 중심에 있다는 것은 변함이 없다. 격식 있는 비즈니스 자리에서의 스타일링은 물론, 휴일 오피스 스타일로 베이식하게 입는 방법까지 반드시 마스터해야 남성 패션의 기본기를 익혔다고 할 수 있다.

네이비 수트는 젊은 층에서도 선호하지만 중년 신사에게도 잘 어울린다. 차콜 그레이 수트와 함께 포멀하게 입는 정통파 수트의 대표 격이라 할 만하다.

네이비 수트는 젊은 느낌을 주기 때문에 캐주얼로 입기에 비교적 용이하고, 자주 입을 수 있는 데일리 웨어로도 첫손에 꼽는다. 상의가 약간 짧은 듯한 것은 재킷으로도 활용이 가능하다. 동일한 네이비 컬러로 재킷·베스트·팬츠의 스리피스로 입는다면 중후해 보이며, 관록을 드러낼 수 있다.

네이비는 무난한 컬러이지만, 컬러의 짙고 옅음에 따라 인상이 급변한다. 최근에는 컬러의 종류가 많아져서 이미지 연출에 많은 도움이 된다. 지금까지 보지 못했던 밝은 네이비 제품도 나오고 있는데, 네이비는 익숙한 컬러이므로 약간 밝아졌다 해도 크게 튀거나 어색하지 않다. 네이비 수트는 비즈니스 수트의 글로벌 스탠더드라 해도 과언이 아니다. V존의 경우 네이비부터 블루 그러데이션을 주면 잘못된 스타일링을 피할 수 있다. 얼마 전까지는 솔리드 셔츠와 솔리드 타이를 조합하면 모던한 느낌을 낼 수 있었지만, 최근에는 셔츠나 타이의 한쪽 또는 양쪽 모두에 패턴이 들어간 것이 스타일링 포인트가 되고 있다.

패턴 아이템을 하나만 착용한다면 패턴 셔츠에 솔리드 타이, 혹은 솔리드 셔츠에 도트 타이 조합이 제격이다. 셔츠 패턴이 너무 눈에 띄면 산만해 보이므로, 셔츠는 솔리드나 핀 스트라이프 패턴 등 심플한 것으로 고르는 편이 좋다.

1 잔잔한 페리즐리 패턴의 블루 타이와 레드 포인트 부토니에가 네이비 수트의 진중함에 활력을 준다. **2, 4** 도트 타이는 일반적으로 네이비 색상인데, 이를 그레이 색상으로 바꾸면 포멀한 느낌이 강해진다. **3** 비즈니스와 일상을 불문하고 입을 수 있는 클래식 셔츠. 스트라이프 패턴은 경험 있고 세련되며, 결단력 있는 남성을 연상케 한다. **5** 포멀한 시계와 심플한 팔찌를 믹스해 스타일리시한 감각을 드러냈다. **6, 7** 포멀 수트 차림에서 벨트와 슈즈의 컬러는 통일하는 것이 원칙이다. 벨트 버클은 심플하게, 양말 패턴도 슈즈 컬러와 연결해 차분한 멋을 표현했다. **8** 수트 안에 캐시미어 터틀넥 스웨터를 매치하고 포켓치프로 포인트를 주었다. 캐주얼하지만 격을 잃지 않는 스타일링이다.

CHALK STRIPE SUIT

초크 스트라이프 수트

► 회사를 대표하는 임원에게 어울리는 복장

비즈니스 스타일링의 대표 격인 수트의 코디네이션은 TPPO에 의해 결정된다 해도 과언이 아니다. 장소와 목적, 분위기, 만나야 할 사람들과의 관계 등을 감안하여 어떤 차림으로 입을 것인가를 우선 고려해야 한다. 수트 스타일링에는 전략과 전술이 필요한 것이다.

F/W의 가장 대표적인 수트는 초크 스트라이프 수트라고 할 수 있다. 네이비 혹은 그레이 원단에 마치 분필로 선을 그어 놓은 느낌 때문에 초크 스트라이프chalk stripe라고 불리게 되었다. 영국에서는 금융업 등에 종사하는 사람들이 주로 입기 때문에 뱅커즈 수트banker's suit라고도 한다.

핀 스트라이프 패턴에 비해 부드러운 인상을 주는 초크 스트라이프 패턴은 젠틀한 신사의 멋을 전하며 남성 수트

1 어딘가 활력이 없다고 느껴진다면 네이비 초크 스트라이프 수트를 선택하는 것도 좋다. 수트가 눈에 띄는 만큼 구두나 액세서리를 절제하여 밸런스를 유지해야 보기에 거슬리지 않는다. **2** 품격이 느껴지는 그레이 초크 스트라이프 수트에 차콜 그레이 솔리드 타이로 은은하게 캐주얼 다운했다. 원 포인트 타이 무늬가 V존을 산뜻하게 해 준다. 스타일링의 컬러 수를 3가지 이내로 제한해 세련된 분위기를 연출했다. **3** 더블 브레스티드 초크 스트라이프 수트 스타일에 스몰 모티프 넥타이로 안정감 있게 코디했다. 수트와 타이가 패턴이기 때문에 셔츠는 화이트 솔리드를 선택해서 균형을 맞췄다.

3

의 대명사가 되었다. 부드러운 느낌의 색소니 원단이나 약간 두툼한 플란넬 원단은 스처서 바랜 듯한 초크 스트라이프 패턴의 느낌을 잘 표현한다. 짙은 컬러의 초크 스트라이프 수트를 입으면 전체 느낌이 시크한 분위기로 바뀌고 안정된 인상을 준다. 여기에 솔리드 혹은 패턴이 작은 타이를 코디하면 전체적으로 중후한 이미지가 된다. 반대로 과감한 패턴의 타이는 초크 스트라이프 패턴의 진지함에 반전 매력을 선사하며, 스타일링 전체를 활력 있게 만든다. 허리에 살집이 있는 체형의 경우 피트감이 좋은 더블 브레스티드 수트를 착용하면 관록이 느껴진다.

1 스트라이프 수트와 셔츠의 패턴을 매치할 때는 동일 컬러로 코디해야 산만해 보이지 않는다. 2 수트에 이어 셔츠도 스트라이프 패턴이다. 이때 스트라이프의 간격이 다른 것을 선택해서 변화를 주는 것이 좋다. 타이는 수트와 같은 컬러 톤을 선택한다. 3 채도가 낮은 페이즐리 무늬 타이와 버건디 포켓치프로 세련된 이미지를 연출했다. 4 아주로 에 마로네의 원칙에 맞도록 네이비 수트와 브라운 컬러의 윙팁 구두를 선택했다. 5 클래식 착장에 금속 장식 가죽 브레이슬릿으로 포인트를 주었다. 6 그레이 초크 스트라이프 수트에 한 톤 다운한 그레이 터틀넥 스웨터를 코디해 그러데이션을 연출했다. 소재와 텍스처, 컬러의 뉘앙스가 원 컬러이면서도 표정 있는 스타일로 마무리됐다. 7 네이비 더블 수트에 아이보리 터틀넥 스웨터로 부드러운 느낌을 더했다. 드레스 룩을 의식한 포켓치프와 블랙 윙팁 슈즈가 은은하면서도 세련된 분위기를 연출한다.

↓

네이비 초크 스트라이프 수트의
V존 연출법

► 초크 스트라이프 수트를 한층 돋보이게 입는 방법

스트라이프 수트는 남성의 대표적인 수트 스타일로, 스트라이프 모양에 따라 펜슬 또는 초크 등으로 나뉜다. 중후함과 따뜻함이 동시에 느껴지는 스트라이프 수트에는 기모감이 약간 있는 색소니 원단이나 약간 두꺼우면서 기모 느낌이 있는 플란넬 원단이 주로 사용된다. 스트라이프 간격은 1.2~1.5cm가 적당하다. 스트라이프는 솔리드와 비교하여 원단 그 자체가 생동감을 느끼게 한다. 따라서 스트라이프가 눈에 너무

띄지 않도록 입는 것이 중요하다.

A. 패턴과 패턴 조합을 이해하는 것은 V존을 보기 좋게 연출하는 지름길이다. 믹스 앤 매치나 솔리드와의 코디를 이해하면 폭넓고 다양한 수트 스타일을 즐길 수 있다. 스트라이프 수트와 세로 스트라이프 셔츠, 그리고 도트 타이는 믹스 앤 매치의 대표적인 예다. 이때 컬러는 같은 톤으로 통일하는 것이 좋다.

B. 패턴의 믹스 앤 매치가 부담스럽다면 셔츠를 솔리드로 선택하는 것이 좋다. 남성 드레스 셔츠의 기본이 되는 화이트 셔츠를 입고 원하는 무늬의 타이를 선택한다. 이때 수트의 네이비 컬러와 타이 무늬 속 작은 도트 컬러를 동일 계열로 선택하면 통일감이 느껴지면서 세련된 인상을 준다. 포켓치프와 셔츠의 컬러를 통일하면 금상첨화다.

C. 연한 핑크, 연한 블루 등 파스텔 계열의 컬러 셔츠를 입는 사람들도 많은데 이때는 타이의 컬러를 셔츠 컬러와 톤온톤으로 맞추는 것이 좋다. 핑크 셔츠에 핑크 계열 컬러가 들어간 스트라이프 타이를 코디하고, 전혀 다른 패턴의 포켓치프를 매치하면 분위기가 부드러워 보인다. 수트·셔츠·타이 중 패턴이 중복될 경우에는 스트라이프 간격에 차이를 두는 것이 중요하다.

D. 블루 셔츠는 화이트 셔츠 다음으로 한국 남성들이 즐겨 입는 셔츠이며, 네이비 스트라이프 수트와도 잘 어울린다. 전체적으로 블루 계열로 통일하되 타이와 포켓치프의 패턴으로 포인트를 준다. 패턴의 크기는 서로 다르게 한다.

1

1 체크 셔츠는 여유로움을 느끼게
한다. 이때 셔츠의 패턴 컬러는
블레이저 컬러와 같은 계열을
선택한다. 2 고급스러운 그레이
톤에 시크한 색감의 체크 팬츠,
브라운 슈즈가 따뜻하면서
세련된 인상을 준다.

➤ 온·오프를 불문하고 바꿔 입을 수 있는 만능 패션 아이템

비즈니스 컬러이기도 한 네이비 블레이저는 포멀한 온 스타일부터
오프 스타일까지 가장 잘 활용할 수 있는 한 벌이다. 특히 네이비
컬러는 남성다움과 산뜻한 느낌이 있는 클래식한 컬러인 만큼 세

F/W SUIT STYLE
—
NAVY
BLAZER
네이비 블레이저

2

련되게 입어 차림에 차이를 둘 수 있다. 똑같은 비즈니스 스타일이라도 전체를 짙은 톤으로 마무리하면 빈틈없는 인상을 주고, 밝은 톤으로 마무리하면 경쾌한 인상을 준다. 셔츠나 타이를 포함한 전체 톤에 신경 쓰는 것도 필요하다.

네이비 블레이저와 브라운 스웨이드 슈즈는 이탈리아 패션의 황금률이라 할 수 있는 아주로 에 마로네의 원칙과 가장 잘 맞는 조합으로, 이렇게 맞추는 것만으로도 세련미가 풍긴다. 타이·벨트 등도 브라운 액세서리를 매치하면 그 느낌이 더 배가된다.

블레이저 속에는 셔츠를 입는 것이 기본 원칙이지만, 니트도 세련되게 잘 어울린다. 니트는 약간 기모감이 있는 것이 좋다. 소재가 좋으면 스마트하게 보이는 장점이 있다. 약간 딱딱한 느낌이 있는 네이비 블레이저를 편안한 분위기로 연출하고 싶다면 전체적으로 컬러는 억제하면서 패턴과 소재 등으로 뉘앙스를 달리하는 것이 방법이다.

3 네이비 계열의 그러데이션 상하의에 아이보리 컬러 베스트를 콘트라스트로 구성했고, 타이와 슈즈를 브라운으로 통일했다. 전체 착장의 컬러 수를 줄여 세련된 인상을 준다. 4 차분함과 젊음이 동시에 느껴지는 상하 콘트라스트 착장으로, 짙은 네이비 더블 브레스티드 재킷에 밝은 베이지 코듀로이 팬츠를 매치한다. V존은 선이 굵은 네이비와 골드 컬러 타이로 마무리해 더블 브레스티드 블레이저의 볼륨감이 전혀 느껴지지 않는다.

베이식하면서 트렌디한 이미지의 네이비 블레이저는 그레이 플란넬 팬츠와 잘 어울린다. 블레이저의 앞 버튼을 풀고 입으면 자연스럽게 떨어지는 드레이프가 생겨, 드레스 업 스타일과는 다르게 릴랙스한 느낌이 든다.

더블 브레스티드 수트를 입을
때는 동일 컬러로 V존을 통일한다.
네이비 스트라이프 셔츠,
네이비 솔리드 타이 등 V존의
컬러와 패턴을 통일하면 중후한
느낌이 들며 빈틈없어 보이는
인상을 준다. 여기에 네이비
컬러 트리밍이 들어간 화이트
포켓치프와 부토니에 장식을
더하면 적당한 악센트 효과가
나서 밸런스를 맞출 수 있다.

F/W SUIT STYLE

DOUBLE BREASTED SUIT

더블 브레스티드 수트

1 대표적인 정장 슈즈인
스트레이트 팁 슈즈로 포멀한
차림을 마무리했다.
2 짙은 네이비 컬러가 무거워
보이지 않도록 V존은 화이트
셔츠에 약간 화려한 페이즐리
타이를 매치했다. 포켓치프도
셔츠와 동일한 화이트를
매치했다.

► 젠틀맨의 옷차림에 필요한 것은 포용력과 여유로움

조직에서 리더의 자리에 다가설수록 후배들에게 존경받으며 존재감을 키
워나가는 것이 중요하다. 이러한 리더의 포용력이나 여유로움은 패션에서
도 연출할 수 있다. 위압감을 주지 않고 스스로도 릴랙스하면서 일과 인생
을 즐기는 모습을 보여주는 것이 이상적이다.

최근 10년간 수트의 스타일은 매우 다양해졌다. 심지가 없는 언컨스트럭션
unconstruction 봉제가 일반화되고 컬러·패턴·소재 등도 더욱 다양화되고 있
다. 수트는 비즈니스 상황에서만 입는다는 고정관념도 변화되어 휴일 등에

멋을 내고 즐기기 위한 수트도 많이 출시되고, 캐주얼 테이스트를 적용한 수트도 정착되었다.
이러한 변화의 영향으로 최근에는 '수트의 원점', '클래식의 매력'이 다시금 주목받고 있다. 국내외의 웰드
레서들 사이에서도 정통 수트를 시크하면서도 멋스럽게 입는 것이 유행처럼 퍼지는 중이다. 그중에서 가
장 부각되고 있는 것은 위엄 있는 더블 브레스티드 수트다. 더블 브레스티드 수트는 엘리건트한 느낌을 충
분히 내며, 행동에 자신감을 준다.
짙은 네이비 컬러 블레이저가 무거워 보이지 않도록 V존을 좀 더 밝은 컬러로 연출하는 것도 좋다. 화이트
셔츠에 같은 톤의 밝은 페이즐리 무늬 타이는 인상을 한 단계 밝게 해준다. 이때 포켓치프는 셔츠와 통일감
있게 하되, 슈즈와 벨트는 블랙으로 마무리해 드레시한 느낌을 배가한다.

GREY
SOLID SUIT

그레이 솔리드 수트

심플한 그레이 수트가 다소 밋밋하다
생각될 때는 액세서리를 잘 활용하면
드라마틱한 스타일링 표현이
가능하다. 짙은 네이비 계열 타이와
화이트 포켓치프는 입체감 있는
V존을 연출한다. 벨트와 슈즈는 짙은
컬러로 정중하게 마무리했다.

➤ 차분함과 포용력이 느껴지는 그레이 수트

그레이 수트는 나이 든 남자가 입는 것이라는 선입견이 강하다. 그러나 그레이 컬러야말로 남성 수트에서 포용력과 댄디함을 표현할 수 있는 최상의 컬러다. 기본이 되는 화이트 셔츠 외에 블루, 핑크 등의 컬러 셔츠와도 잘 어울린다. 특히 최근 부각되고 있는 플란넬 수트는 엘리건트한 느낌을 준다.

그레이 수트를 입을 때 가장 유의할 점은 소재감을 잘 맞춰 입는 것이다. 기모가 있는 양모 소재의 수트라면 타이도 실크가 아닌 울 타이로 고르는 것이 좋다.

무늬가 없는 그레이 수트는 다소 밋밋해 보일 수 있는데, 이럴 때는 페이즐리·레지멘탈 스트라이프 스타일 등 컬러풀한 타이와 코디하면 화사한 느낌이 든다. 단, 수트 패턴의 컬러와 타이의 컬러가 맞지 않으면 다소 산만해 보일 수 있으므로 그레이 수트는 원 톤으로 코디하는 것이 가장 무난하다. 약간 영국적인 느낌으로 코디하고 싶다면 작은 무늬의 그린 컬러 타이로 새로운 느낌을 낼 수 있으며, 브라운 컬러와도 잘 어울린다.

1 그레이 수트에는 깨끗함이 느껴지는 화이트 셔츠가 최적이다. 포켓치프도 화이트로 통일해 격 높은 스타일을 연출한다.
2 수트의 주머니에는 물건을 넣으면 안 된다. 심플한 디자인의 클러치 백이 필요한 이유다.
3 클러치 백과 슈즈의 컬러와 소재를 통일해 안정감 있고 세련된 인상을 연출했다.

GREY GLEN CHECK SUIT

그레이 글렌체크 수트

► 영원 불변의 브리티시 스타일

최근 남성 패션 트렌드의 큰 흐름은 영국 스타일이다. 영국적인 그레이 글렌체크 수트는 그레이 솔리드 수트보다 좀 더 젊어 보이는 동시에 고풍스러운 멋을 풍긴다. 글렌체크 수트에서 V존의 다양한 변화를 즐긴다면 스타일링의 묘미는 극대화된다. 화이트·블랙·블루의 3가지 컬러가 모두 들어있는 그레이 글렌체크 수트는 컬러 코디가 용이하다.

또한 모노톤을 활용하면 트렌디 스타일이 되고, 패턴을 활용하면 클래식한 느낌을 줄 수 있으므로 다양한 테이스트로 활용 가능하다. 지극히 영국적인 클래식 글렌체크도 이탈리아의 화려함을 담은 페이즐리 무늬 타이와 매치하면 좀 더 모던하게 연출된다. 체크와 페이즐리 패턴끼리의 매치이므로 셔츠는 깨끗한 화이트로, 포켓치프도 화이트로 통일하는 것이 좋다.

1, 5 글렌체크를 화려한 이탈리언 느낌의 페이즐리 무늬 타이와 코디하면 모던한 느낌의 영국풍으로 변신한다. 오렌지 톤의 페이즐리 무늬 타이와 브라운 컬러 싱글 몽크 스트랩을 톤온톤 컬러로 매치했다.
2 글렌체크 패턴의 수트와 셔츠로 패턴 온 패턴 코디 스타일링 했다. 타이는 네이비 솔리드로 영국 스타일을 의식해서 코디했다.
3 블루 컬러의 런던 스트라이프 패턴 셔츠에 브라운 솔리드 타이를 매치해 산뜻함과 차분함을 연출했다.
4 수트에 트렌치 코트를 입으면 신사다운 감성이 더해진다.
6, 7 타이와 포켓치프는 네이비로 통일하고 안경테, 포켓치프 트리밍, 시계의 스트랩 컬러, 슈즈 컬러를 통일해 안정감이 느껴진다.

▶ 패턴을 활용한 세련된 비즈니스 룩의 완성

체크 수트에는 패턴이 강하게 들어가 있는 셔츠는 피하는 것이 좋지만, 패턴의 크기가 작은 글렌체크 무늬 블루 셔츠와 헤링본 소재 타이 등을 매치하면 매우 세련된 비즈니스 룩을 완성할 수 있다. 여기에 플라워 모티프 부토니에로 포인트를 주면 한층 젊어 보인다. 체크나 스트라이프 같은 패턴 셔츠를 함께 입고 싶다면 타이나 포켓치프 등의 액세서리는 솔리드로 선택해서 시선이 분산되는 것을 막는다.

그레이 수트에 핀홀 칼라
셔츠로 엘리건트한 스타일을
연출했다. 청량감 있는
화이트 셔츠로 코디하는 것도
좋지만 때로는 스몰 체크
패턴이나 스트라이프 셔츠로
패턴 온 패턴 코디하여 세련된
감각을 표현하는
스타일도 흥미롭다.

F/W SUIT STYLE

GREY WINDOW
FENCE SUIT

그레이 윈도 펜스 수트

-
54

🢒 고전적이고 품위 있는 그레이 윈도 펜스 수트

윈도 펜스 패턴의 그레이 수트는 솔리드 그레이 재킷보다 더 엘리건트한 느낌을 준다. 네이비 수트에 블루 셔츠를 주로 맞춰 입듯, 그레이 컬러가 바탕이 되는 수트에는 화이트 컬러 셔츠가 이상적이다. 체크의 간격은 크지만 컬러가 연하여 소박한 인상을 주는 윈도 펜스 수트에도 화이트 솔리드 셔츠가 제격이다. 그레이는 화이트와 블랙 사이의 모노톤으로, 화이트 셔츠와 함께 맞춰 입으면 더 스마트한 인상을 주기 때문이다.

화이트 셔츠의 큰 장점 가운데 하나는 타이의 매치에 따라 다양한 느낌을 표현할 수 있다는 것이다. 화이트 셔츠에 블루 페이즐리 패턴의 타이로 코디하면 섬세하고 우아한 차림이 된다.

화이트 셔츠 대신 체크 패턴의 셔츠를 선택한다면 수트의 윈도 펜스 체크의 패턴보다 더 작은 체크무늬 셔츠를 택하는 것이 좋다. 수트와 셔츠에 모두 패턴이 있는 경우라면 타이는 솔리드 컬러를 선택함으로써 깔끔한 V존을 연출할 수 있다.

1 그레이 수트에는 같은 무채색인 화이트 셔츠가 잘 어울린다. 이때 핀홀 칼라 셔츠에 네이비 솔리드 타이를 매치하면 V존이 돋보인다.

2 타이를 맬 때는 칼라 부분의 간격을 알맞게 살려 흐트러짐을 방지한다.

3 브라운 플레인 토 스트레이트 팁은 포멀한 느낌을 준다.

브라운 빛이 감도는
적당한 간격의
체크무늬 수트는
편안한 느낌을 준다.

BROWN SUIT

브라운 수트

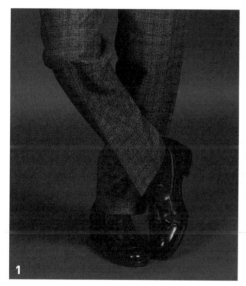

➤ 캐주얼한 느낌이 강한 브라운 수트는 편안한 인상을 준다

경력이 쌓여 승진을 하고, 경영자의 입장이 되면 조직원을 지휘하는 일이 많아진다. 리더로서 기억해야 할 스타일 포인트는 편안하면서도 품격 있는 옷차림이다. 위압적이지 않으면서 구성원들로부터 자연스럽게 존경받는 존재감을 풍겨야 한다. 여기에 가장 걸맞은 차림이 바로 브라운 수트다. 흔히 브라운 컬러는 동양인에게 잘 맞지 않는다고 하는데, 브라운 컬러를 직접 얼굴에 가까이했을 경우에 그렇다. 셔츠나 니트 등 밝은 컬러의 아이템과 믹스하면 브라운 컬러도 세련되게 소화할 수 있다. 평소 브라운 컬러에 익숙하지 않더라도 어깨가 딱딱하지 않고 부드럽게 피트되는 실루엣을 선택하면 브라운 수트의 진가를 발견할 수 있을 것이다. 브라운 체크 수트는 옅은 베이지 코트, 붉은빛이 도는 슈즈, 레드 컬러 타이 등 '색의 연속성'이라고 하는 방식으로 코디하면 포멀한 장소에도 잘 어울린다.

1 브라운 컬러의 톤온톤 스타일링에 따라 슈즈 색상도 연속성을 주어 매치했다.
2 중간 톤의 레드 컬러 하나만 코디해도 인상이 달라진다. 재킷이나 셔츠에 비해 보이는 면적이 작은 타이, 포켓치프, 머플러 등을 콘트라스트 컬러로 코디하면 밝고 화려한 분위기가 강조된다.

F/W COAT

코트는 전체적인 실루엣을 좌우한다. 사이즈가 잘 맞는 것을 고르고
수트 위에 입는 상황을 고려하여 피트감을 맞춰야 한다.
TPPO에 맞게 입는 것 또한 코트 스타일링의 중요한 포인트다.

네이비 톤온톤 코디네이션에
와인 컬러 머플러로 포인트를
주었다. 콘트라스트가 강한 느낌의
머플러는 너무 많이 드러나지 않게
살짝만 보여도 충분한 악센트
효과가 있다.

멋진 실루엣을
유지하는
코트 스타일

———

코트를 잘 입기 위해서는 수트와 마찬가지로 사이즈가 잘 맞는 것을 골라야 한다. 특히 칼라에서 어깨까지의 피트감을 잘 맞추는 것이 중요하다. 예를 들어 어깨선이 넓은 재킷을 입고, 그 위에 래글런 소매의 코트를 입으면 코트의 멋진 실루엣을 살릴 수 없다. 또한 코트는 가장 겉에 입는 옷이기 때문에 안쪽 옷의 일부가 밖으로 보이면 곤란하다.

코트의 소매 길이는 재킷이나 수트의 소매보다 약간 길어야 한다. 셔츠의 소매 길이와 같든가, 1~2cm 정도 긴 것이 적당하다. 어떤 경우에도 셔츠·재킷·코트의 소매, 이 3가지가 겹쳐 보여선 안 된다.

코트의 피트감과 소매의 길이 등을 맞췄다면, TPPO에 맞춰 입는 것도 코트 차림에서 중요한 포인트다. 코트는 절대 결점이나 허술한 곳을 가리는 도구가 아니다. 포멀한 차림에는 체스터필드 같은 드레시한 느낌의 코트를, 비즈니스에는 스탠드 칼라 코트로 대표되는 톱코트를 입듯 목적과 분위기에 맞는 코트를 선택해야 세련된 코트 차림을 완성할 수 있다. 이것은 또한 코트 안에 입는 옷과의 코디네이션이기도 하다. 드레시한 복장에 캐주얼한 코트를 맞춰 입는 것을 가끔 볼 수 있는데, 바람직하지 않은 차림이다.

소재감을 맞추는 것도 코트 착용의 중요 포인트다. 두꺼운 울 소재를 사용한 코트에는 플란넬이나 트위드 소재의 수트가 잘 어울리듯, 코트의 소재에 따라 안에 입는 재킷이나 수트도 소재감을 맞추는 것이 바람직하다. 컬러와 패턴의 코디네이션을 보면, 네이비 계열 코트처럼 시크한 스타일은 재킷이나 수트도 네이비 계열로 톤온톤 매치하는 것이 포인트다. 이때 전체를 무늬가 없는 솔리드로 선택하면 단조로워 보일 수 있으니 네이비 코트에 네이비 초크 스트라이프 수트를 맞춰 입는 식으로 패턴을 믹스하는 것이 좋다.

CHESTERFIELD COAT

체스터필드 코트

► 전통적 스타일의 남성 대표 코트

남성 코트 중 가장 전통적인 코트로, 포멀한 스타일의 정석이라 할 수 있다. 네이비·브라운·체크 등 컬러와 패턴은 다양하지만, 테일러드 칼라·무릎 정도의 길이·포멀한 스타일 등은 체스터필드 코트에서 공통적으로 찾아볼 수 있는 요소들이다. 이 코트를 입으면 더 날씬해 보이고 키가 커 보이는 효과가 있어서 포멀한 수트를 입는 남자들의 겨울 기본 코트로 애용되고 있다. 포멀한 느낌의 체스터필드 코트에는 네이비 수트를 맞춰 입는 것이 기본이다. 재킷에 맞춰 입는 것도 좋지만, 요즘에는 캐주얼 차림 위에 포멀한 코트를 걸쳐 입는 사람들도 점차 많아지는 추세다. 또한 소위 언컨스트럭티드 unconstructed 구조와 같이 캐주얼해 보이는 코트와 다소 딱딱해 보이는 전통적인 코트 스타일이 공존하고 있다.

체스터필드 코트는 데님 팬츠와 매치한 드레스 다운 차림도 좋지만, 스마트한 캐주얼 차림에 걸쳐 캐주얼 업 하는 것도 좋다.

A. **포멀 스타일** FORMAL STYLE

네이비 체스터필드 코트에는 네이비 수트가 최적이다. 체스터필드 코트 중 가장 포멀한 컬러 역시 네이비다. 그러므로 오버하지 않고 클래식한 네이비 수트에 슈즈는 드레시하고 중후함이 느껴지는 브라운 싱글 몽크 스타일을 매치해 보자. 코트 길이는 무릎 위 정도로 해서 경쾌한 느낌이 들도록 한다. 머플러는 블루 계열에 크림 컬러가 믹스된 체크 패턴, 프린지가 달린 타입으로 클래식한 느낌을 주었다.

B. **시크 스타일** CHIC STYLE

그레이 수트는 그레이 네이비 체크 코트와 함께 매치해 컬러의 톤온톤 차를 두는 전형적인 코디의 원칙을 활용한다. 비즈니스 백, 장갑과 코트 속 체크 컬러와 코디하면 한층 더 시크한 분위기를 연출할 수 있다. 컬러톤을 맞추고 패턴의 크기도 바꿔서 산만해 보이지 않도록 배려하는 것이 중요하다. 베이지·브라운의 하운드투스 머플러를 체크 코트와 코디하여 영국의 정통적인 느낌을 강조했다.

C. **클래식 스타일** CLASSIC STYLE

코트 길이는 약간 긴 듯한 것이 새로운 트렌드다. 다크카멜 코트와 그레이 브라운 초크 스트라이프 수트, 브라운 싱글 몽크 브라운 스트랩 그리고 카멜 컬러 장갑까지 비슷한 컬러를 톤온톤으로 매치했다. 카멜 컬

러의 코트를 중심으로 같은 계열의 컬러끼리 코디하면 중후한 느낌이 든다. 느슨하게 맨 블루 컬러 머플러로 악센트를 주었다.

1 백과 장갑 컬러를 동색 계열로 맞추어 톤온톤 코디를 진행했다. **2** 그레이 코트에 포인트가 되는 색상의 장갑을 코디해 분위기를 한결 밝게 표현했다. **3** 수트 단추를 풀어 릴렉스한 분위기를 주고, 버건디 컬러의 빈티지한 느낌이 나는 베스트로 클래식한 분위기를 더했다. 브라운 코트와 잘 어울리는 블루 머플러로 감각적인 스타일링을 마무리했다.

D. 모던 스타일 MODERN STYLE

그레이 다운 베스트와 그레이 집업 터틀넥 스웨터 위에 그레이 톤으로 마무리된 모던한 스타일의 체스터필드 코트를 입었다. 전체적으로 그레이 컬러의 동색 계열이라서 전신이 단조로워 보일 수 있으므로 팬츠에 체크 패턴을 넣어 콘트라스트를 줌으로써 세련된 이미지를 강조했다. 슈즈는 브라운, 장갑은 베이지로 선택해 단조로움을 줄이고 액티브한 분위기를 냈다.

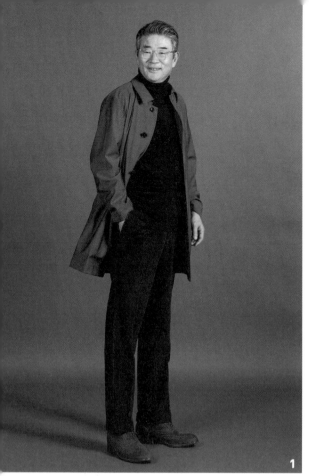

HALF COAT

하프 코트

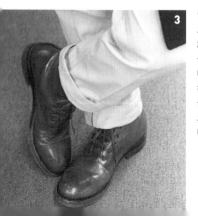

1 코트를 좀 더 캐주얼하게 입고 싶다면 콘트라스트 원칙을 따르자. 보르도 컬러와 블루 코듀로이 팬츠의 콘트라스트 매치는 그레이 계열의 코트와 만나 화사한 인상을 준다. **2, 3** 편안한 실루엣의 니트, 아이보리 컬러 코듀로이 팬츠의 편안한 분위기에 어울리도록 울 소재의 네이비 코트를 매치했다. 네이비 코트와 브라운 브로킹 부츠의 조합은 아주로 에 마로네 원칙에 따른 것이다. **4** 네이비와 그레이 컬러의 조합은 세련된 이미지를 표현한다. 하운드투스 하프 코트에 셔츠와 네이비 베스트, 그레이 팬츠를 톤온톤으로 매치해 상농하담의 원칙을 따랐다. 코트보다 밝은 컬러의 팬츠는 경쾌하고 젊은 느낌을 준다. 팬츠의 소재는 코트보다 따뜻함이 느껴지는 울 소재를 선택해 고급스러워 보인다. 베이식한 베스트와 매치하면 비즈니스 상황에도 충분히 통용될 수 있다.

4

► 남성의 옷장에 필수인 하프 코트

활동성 있는 길이로 환영받는 하프 코트는 디자인이나 소재에 따라 포멀한 스타일과 감각을 모두 표현할 수 있다. 정식 명칭은 발마칸 코트 balmacaan coat로, 네스호로 유명한 스코틀랜드 인버네스 근처의 발마칸에서 유래했다고 한다. 남성 패션을 다루는 여러 매거진에서 발마칸 코트라는 표현을 자주 써서 이미 알고 있는 사람이 많으리라 생각한다.

칼라 형태가 뒤쪽이 높고 앞부분이 낮으면서 하나로 이어진 것이 특징이다. 최근에는 구스나 캐시미어 등의 충전재를 넣어 보온성을 높이거나, 장식성 있는 단추로 스타일리시하게 연출하는 등 다양한 스타일의 하프 코트가 선보이고 있다.

카무플라주 패턴의 코트에 맞춰 블루 그레이 니트 머플러를 매치했다. 코트와 머플러를 니트 소재로 통일한 것이 포인트다. 가볍게 갈 수 있는 근거리 출장에 어울리는 차림으로, 길이가 짧은 도회적인 브로킹 부츠로 컨트리풍의 뉘앙스를 더했다.

DOWN COAT

다운 코트

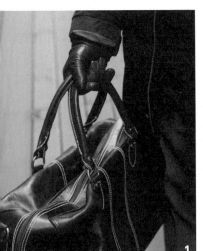

► 방한과 스타일을 동시에

지나치게 캐주얼한 스타일은 격식이 없어 보일 수 있다. 캐주얼한 성격이 강한 다운 코트라 해도 컬러나 패턴이 있는 스타일보다는 모노톤을 추천한다. 그중 블랙 다운 코트는 겨울용 코트로서 보온성이 뛰어난 동시에 캐주얼하면서 약간의 격식도 갖춘 듯 보인다.

블랙 다운 코트는 상의와 하의를 모노톤으로 코디하되, 상담하농의 원칙에 따라 강약을 주기 위해 그레이 팬츠를 함께 입으면 멋스럽다. 추운 날의 아우터답게 베스트나 머플러 같은 아이템으로 보온성을 높여도 좋다. 이때 컬러나 패턴의 사용을 최대한 절제하는 편이 훨씬 더 세련돼 보인다. 가볍고 보온성 좋은 다운 코트는 겨울 시즌의 현장 시찰이나 장거리 출장에 진가를 발휘할 것이다. 어두운 컬러의 다운 코트가 자칫 무거워 보일 수 있으니 장갑·양말·안경테 등은 포인트를 줄 수 있는 컬러로 선택해 보자.

그레이 울 팬츠와 블랙 슈즈를 이용해 다운 코트를 비즈니스 룩으로 스타일링 했다.

비즈니스를 위한
다운 코트의 길이는
재킷보다 길어야
안정감이 있다.

➤ 울 소재의 다운 코트는 비즈니스 차림에도 제격

원래 군복이나 아웃도어에 활용되었지만, 최근에는 프리미엄 다운-웨어가
선보이면서 비즈니스 캐주얼에도 익숙해진 아이템이 바로 다운 코트. 울
소재의 다운 코트는 재킷 위에 걸치고 업무를 봐도 무리가 없을 정도다. 단,
다운 코트의 컬러는 수트에 주로 사용하는 네이비나 그레이 계열이어야 조
화가 잘 된다. 탈착이 가능한 체스터 워머도 동일색 계열로 한다.

다운 코트는 두꺼운 가로 패턴이 주를 이뤘었지만, 최근에는 사각형·다이
아몬드 같은 패턴이 점차 늘고 있으며 전체적인 디자인도 좀 더 포멀해지는
추세다. 사진은 네이비 그레이 체크 다운 코트 속에 라이트 그레이 재킷과
아이보리 컬러 폴로셔츠를 입어 캐주얼 요소가 강한 심플한 스타일을 완성
했다. 다운 코트는 보온성이 좋아서 폴로셔츠와 재킷, 머플러만으로도 추위를 잘 막아준다.

1 전체적으로 모노톤으로
통일하면서도 백이나 장갑은
콘트라스트 배색으로
포인트를 주었다.
2 살짝만 보이는 양말에도
위트 있는 패턴을 적용해 보자.
3 재킷 칼라에 동물 모양
부토니에를 더해 위트를
살렸다.
4 다운 재킷의 두께감이
다양해지는 추세인데,
팬츠 통은 너무 넓지 않은
것을 선택해야 긴장감을
유지할 수 있다.

BRITISH WARMER

브리티시 워머

1 백 없이 남성 패션은 완성되지 않는다는 말이 있듯, 비즈니스에서도 토트백이 일반화되고 있다. 그러나 본래 캐주얼 느낌이 강한 토트백은 수트보다는 재킷이나 코트 차림에 더 잘 어울린다. 백은 2~3개 정도 비즈니스와 캐주얼 용도로 각각 준비하는 것이 좋다. 백은 사용할 때마다 정리해 주자. 내용물이 너무 많아 꽉 찬 모양이면 전체 스타일이 망가진다. 질 좋고 부드러운 가죽 토트백을 복장과 코디하면 80점짜리 스타일을 120점으로 업그레이드할 수 있다. 백은 남자에게도 마무리 중의 마무리다. **2** 로우 게이지 니트 머플러는 볼륨감 있는 혹한의 코트에 잘 어울린다. **3** 스웨이드 소재가 믹스된 장갑은 터프하면서도 고급스러운 느낌을 낸다.

► 스타일리시한 영국 장교 스타일 방한 코트

제1차 세계대전 때 영국 육군 장교들이 사용했던 방한 코트로, 독특한 피크트 라펠을 특징으로 한 더블 브레스티드 형의 무릎길이 코트다. 다크 그레이와 다크 블루의 멜튼 울로 만든 것이 많다. 지바고 코트라고도 불린다. 브리티시 워머 코트는 소매를 길게 입는 것이 기본이다. 손등의 반 정도를 덮어도 되지만 절대 짧아서는 안 된다. 테일러드 코트나 하프 코트에 비해 즐겨 입지는 않지만 방한 코트라는 본래의 아이덴티티 덕에 보온성이 뛰어나다.

사진은 네이비 브리티시 워머와 다크 네이비 재킷, 그레이 터틀넥 니트, 그레이 헤링본 팬츠, 화이트 그레이 머플러 그리고 블루 니트 장갑까지 네이비와 그레이 컬러를 톤온톤으로 매치했다. 코트와 잘 어울리는 볼륨감 있는 니트 머플러를 심플하게 늘어뜨리면서 좌우 길이를 다르게 하면 더욱 세련된 느낌을 준다. 안경·백·슈즈는 브라운으로 통일시켜 그레이·블루·브라운의 완벽한 3색 코디를 완성했다. 실내에서 브리티시 워머를 벗으면 모노톤 코디가 전면에 드러나 도회적인 인상으로 바뀐다.

디자이너의 상상력은
세상 모든 것들에서 영감을
받는다. 군대에서 원단,
일명 장교 코트라 불리는
브리티시 스타일의 코트는
디자이너들이 매년 선보이는
아이템이다. 클래식한 감성과
터프한 이미지를 표현하는 데
제격이다.

F/W OUTER

아우터는 F/W 스타일에서 코디네이션을 완성하는 중심 아이템이다.
실용성과 보온성을 바탕으로 다양한
연출이 가능한 아우터를 만나보자.

남성 코디의
완성,
아우터

───────

남성의 옷장에 모든 아우터가 필요한 것은 아니지만 다운 재킷, M-65 필드 재킷, 다운 베스트는 준비해 두는 것이 좋다. 이런 아이템들은 오래전부터 입었던 것으로 여겨지지만, 사실은 매년 미묘하게 다른 느낌으로 출시되고 있다. 기본 디자인은 바뀌지 않지만 실루엣·소재·착용감 등은 옛것과 다르다. 그러므로 2~3년에 한 번은 바꿔 입는 것이 좋다.

아우터의 실루엣을 체크하는 것은 물론, 팬츠·슈즈 등과 컬러를 맞추며, 액세서리를 선택하는 등 코디에 변화가 필요하다. 편하게 입으려면 네이비나 그레이로 컬러를 통일해도 좋다. 최근에는 가볍고 얇은 다운 재킷이 늘고 있는데 폭이 약간 좁고 짧은 팬츠와 코디하는 것이 적당하다. 컬러 또한 원색뿐 아니라 일반 재킷처럼 시크한 컬러가 많아져서 드레시한 팬츠에도 어울린다. 머플러나 숄은 캐주얼하게 입을 때는 볼륨감 있는 울이나 캐시미어, 드레시하게 입을 때는 실크 등이 좋다. 이탈리아 남성들이 유행시킨 M-65 필드 재킷은 군복에서 유래했다. 와일드한 이미지가 강하지만 데님, 캐주얼, 드레시한 팬츠 등 어디에나 잘 어울리는 만능 아이템이니 적극 활용하자.

M-65 필드 재킷 1965년 미 군복으로 채택되면서 M-65로 불리게 되었다. 1990년대까지 사용되었던 사실만 보아도 완성도가 높음을 알 수 있다. 세워 올린 칼라에는 후드를 넣을 수 있고 4개의 패치 포켓과 플랩이 있어 수납 기능이 뛰어나다.

다운 재킷 겨울 필수 아우터로 가볍고 따뜻하다. 두툼한 재질과 실루엣의 제품은 줄어들고 슬림핏이 대세다. 겉감도 나일론 중심에서 벗어나 울이나 가죽 등 여러 소재가 활용된다.

다운 베스트 오리털을 넣은 퀼팅 베스트. 원래 군복 또는 아웃도어 룩에서 유래했지만 최근에는 캐주얼에도 잘 어울리는 아이템으로 각광 받고 있다.

FIELD JACKET

필드 재킷

►A. 네이비 필드 재킷

캐주얼 스타일의 네이비 필드 재킷은 전체적으로 모노톤으로 맞추면 어른스러워 보이는 동시에 시크하다. 야외에서 주로 입는 필드 재킷도 어떻게 입느냐에 따라서 인상이 많이 달라진다. 사이즈를 너무 여유 있게 입거나, 넉넉한 실루엣이면 촌스러워 보일 수 있다. 슬림핏의 가벼운 느낌의 재킷이 세련돼 보인다는 걸 기억하자. 특히 네이비 컬러의 필드 재킷은 프레시하고 또 지적으로 보인다. 여기에는 브러시 가공을 하지 않은 리젠트 데님 팬츠가 잘 어울린다. 전체적인 네이비 블루 컬러 착장의 단조로움을 피하기 위해 머플러는 라이트 그레이 컬러 패턴으로 하고, 슈즈와 백도 이탈리아 남성처럼 브라운으로 통일했다.

►B. 베이지 필드 재킷

베이지 컬러는 모든 컬러와 패턴을 부드럽게 중화시킨다. 베이지 필드 재킷을 입을 때는 상담하농의 원칙에 맞게 버건디 컬러의 팬츠를 매치하면 세련돼 보인다. 이너는 짙은 네이비 라운드넥 스웨터를 입어 팬츠와 컬러 농도를 맞추면 좋다. 보온을 위해 베스트를 입을 때는 필드 재킷과 같은 톤의 베이지 컬러를 선택하면 효과적으로 재킷을 돋보이게 할 수 있다.

액티브한 인상을 주는 어스 컬러의 스웨이드 부츠는 전체적으로 캐주얼한 스타일에 고급스러운 느낌을 더한다. 이때 장갑은 팬츠와 동일한 버건디 컬러를 선택하면 전체적인 스타일링에 포인트가 된다. 베이지 컬러의 온화한 무드에 팬츠와 장갑의 컬러 매치로 스타일의 완성도가 높아지고 전체적으로 활기가 더해졌다.

▶ C. 보르도 퀼팅 재킷

일반적인 재킷에 퀼팅 디테일을 더한 퀼팅 재킷은 디자인은 평범
해도 남자들이 잘 시도하지 않는 아우터 중 하나다. 그러나 퀼팅
재킷은 온·오프 스타일 모두에 잘 어울리는 아이템이라고 할 수 있
다. 보르도 퀼팅 재킷과 네이비 니트 그리고 베이지 코듀로이 팬츠
를 믹스해 콘트라스트 느낌을 강조하면 젊은 느낌이 난다. 니트
속의 아스코트 타이ascot tie도 재킷과 동일 컬러를 사용하면 일체
감이 느껴진다. 보르도 컬러는 혈색이 좋아 보이게 하므로, 중년
들은 보르도 컬러 의상이나 액세서리를 잘 활용하면 세련된 인상
을 연출할 수 있다. 슈즈는 중간 톤의 스웨이드 브라운 컬러를 선택
해 상의의 보르도 컬러와 통일감을 주었다.

1 붉은빛이 감도는 브라운 슈즈는 캐주얼 감각과 댄디한 멋을 동시에 보여준다. 신발
위로 살짝 드러나는 양말은 슈즈와 팬츠의 색상을 매치한 스트라이프 패턴으로
디테일을 놓치지 않는 스타일링을 완성했다.   **2** 코듀로이 팬츠와 스웨이드 슈즈의
매치는 소박하고 따뜻한 느낌을 연출하기에 제격이다.

BEIGE JACKET

베이지 재킷

머플러 패턴 컬러와
토트백 컬러를
매치해 세련된
마무리가 돋보인다.

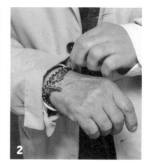

► 만능 재주꾼, 베이지 재킷

아웃도어 느낌이 강한 베이지 캐주얼 재킷은 어떻게 코디하
느냐에 따라 온·오프 스타일이 모두 가능하다. 온 스타일 연
출을 위해서는 베이지 재킷에 베스트를 동색 계열로 톤온톤
코디하면 스마트해 보인다. 베스트 안에 샴브레이 화이트 셔
츠와 솔리드 네이비 타이를 매치하면 스포티한 이미지가 상
쇄된다. 브라운과 블루의 보편적인 컬러 매치에 데님 팬츠
를 입고 슈즈도 온 스타일을 강조하기 위해 블랙을 신었다.
동일한 베이지 재킷으로 오프 스타일을 연출하고 싶다면
라운드넥 니트와 데님을 네이비 톤으로 매치하고, 화려한
무늬의 스톨을 활용해 보자. 스톨의 컬러는 액세서리 중
하나의 컬러와 통일해야 복잡해 보이지 않는데, 사진에서
는 보르도 컬러의 백과 컬러를 통일했다. 베이지 솔의 메시
다크 브라운 슈즈를 신어 밋밋한 느낌에 변화를 주었다.

1 데님과 베이지 솔의 메시 슈즈는 캐주얼 스타일에 잘 어울린다.
2 손목에도 매듭 모양의 브레이슬릿으로 포인트를 주었다.

SUEDE JACKET

스웨이드 재킷

► 부드러움 속에서 카리스마를 드러내는 아우터

F/W 시즌의 셔츠 재킷은 소재 선택이 중요하다. 스웨이드는 패브릭이 주는 가벼움과 가죽의 무게감 사이에서 균형을 이루는 소재로 다양한 활용성을 지녔다. 스포티한 셔츠 칼라 디자인의 스웨이드 재킷은 스웨이드 소재가 지닌 부드러움을 잘 드러내 차분하면서도 세련돼 보인다.

그레이 스웨이드 셔츠 재킷에 보르도 컬러의 코듀로이 팬츠를 매치하면 유럽풍의 세련된 이미지를 표현할 수 있다. V존 또한 스웨이드의 부드러움과 조화를 이루는 카키 컬러의 캐시미어 니트가 잘 어울린다. 니트 속에 작은 체크 무늬의 셔츠를 겹쳐 입으면 목의 주름도 적당히 가려지며, 보온성도 좋아진다. 또한 이너로 터틀넥 스웨터를 코디하면 세련된 분위기를 연출할 수 있다.

1 편안하고 우아한 느낌을 주는 셔츠 스타일의 스웨이드 재킷은 활용도가 높다. 2 소재감에서 오는 연속성을 살린 코디다. 재킷과 함께 전체를 마무리하는 것은 스웨이드 U팁 슈즈로, U팁 스타일의 어스 컬러는 데님이나 코듀로이 소재와 잘 맞는다.

스웨이드 소재 셔츠 재킷을 아우터로 활용하면 캐주얼하면서도 안정된 분위기를 낼 수 있다.

컬러 매치의 샘플이 되는
스타일이다. 브라운과 네이비
체크 재킷에 로열 블루 라운드
넥 스웨터·버건디 코듀로이
팬츠는 대표적인 아주로 에
마로네 코디로, 절대 실패하지
않는다. 실용성과 활동성을
더하는 토트백 색상도
버건디로 통일해 컬러의
연속성을 표현했다.

F/W OUTER STYLE

KNIT JACKET

니트 재킷

► 여유로움이 느껴지는 오프 스타일

니트 재킷은 중후한 느낌과 편안한 인상을 동시에 연출한다. '따뜻함, 가벼움, 부드러운 감촉'이라는 3박자를 갖추었기에 늦가을부터 초겨울까지 활용도가 매우 높다.

니트 재킷은 걸쳐 입었을 때 답답하지 않은 정도의 기분 좋은 무게감이 느껴지는 것이 좋다. 너무 가벼운 것은 울 함유량이 적어 니트 재킷의 특성을 제대로 표현하지 못한다. 니트 재킷의 길이는 다른 재킷과 동일하게 힙을 살짝 덮는 정도가 바람직하다. 포멀 재킷에서 체크 패턴 코디가 어렵게 느껴졌다면, 니트 재킷은 체크 패턴도 편안하게 소화할 수 있다. 체크 패턴의 재킷인 경우에는 솔리드 셔츠를, 솔리드 재킷일 때는 체크 패턴 셔츠나 체크 패턴 베스트를 코디하면 지루하지 않은 스타일이 된다.

니트 재킷에 피트감 좋은 울 팬츠를 코디하면 지적이면서 단정한 스타일을 표현할 수 있다. 특히 스리버튼 스타일의 니트 재킷은 클래식하면서 지루하지 않은 감성으로 댄디하다. 일반적인 투버튼 스타일의 니트 재킷에 니트 베스트와 코듀로이 팬츠를 코디하면 늦가을 휴일 날 산책이나 교외 드라이브를 할 때 여유로우면서도 활동적인 스타일이 완성된다.

1 그레이·블루·버건디의 세 컬러 톤을 중복해서 안정감과 편안함을 주는 브이넥 니트 베스트. 활동성과 보온성이 좋은 아이템이다.
2 스리버튼에 패치 포켓이 있는 니트 재킷은 로우 게이지 바스켓 조직으로 레트로 느낌이 강하지만 피트감이 좋아 편안한 실루엣을 만든다. 산책이나 교외 드라이브를 할 때 니트 재킷은 여유로우면서도 활동적인 스타일을 연출해 준다.

겨울 아우터 대부분이 짙은 솔리드 색상으로 무거운 느낌인 데 비해, 체크 패턴을 활용한 다운 재킷은 생동감을 전한다. 체크 패턴과 조화를 이루는 스웨터와 머플러, 재킷의 베이스가 되는 카키 톤과 잘 어울리는 코듀로이 팬츠가 다운 재킷 스타일링을 한층 업그레이드해 준다.

DOWN JACKET

다운 재킷

➤ 선택의 폭이 다양해진 다운 재킷

다운 재킷은 최근 10여 년 동안 가장 많은 변화가 있었던 아우터다. 프리미엄 다운 브랜드의 등장으로 소재의 기능성은 그대로지만 패션 브랜드와 동일하게 디자인적 요소까지 갖추게 되었다.

얇고 가벼운 다운 웨어는 팬츠 통이 좁은 것과 더 잘 어울리며, 캐주얼 팬츠뿐만 아니라 드레시한 팬츠와 입을 수도 있다. 다운 재킷의 컬러도 원색부터 시크한 모노톤까지 다양해져 온·오프 스타일에 적절하게 활용할 수 있다. 로우 게이지 니트나 캐시미어 소재 스톨을 매치하면 차분하고 세련된 느낌이 연출된다. 차분한 모노톤의 다운 재킷과 울 팬츠를 매치해도 점잖은 스타일을 표현할 수 있다. 체크 패턴을 활용한 다운 재킷은 위크엔드 룩으로 적당하다.

1 투 톤 배색의 상의는 스포티한 느낌을 표현한다. 2 디테일이 많은 차림에 심플한 그레이 톤으로 깊이감 있게 표현했다. 소재감이 다른 니트와 저지 느낌의 베스트 재킷에 차콜 헤링본 팬츠를 코디해 리치하면서도 스포티한 느낌이다. 산뜻한 블루 컬러의 머플러가 활력을 더한다. 3 솔리드 재킷이 진중한 분위기를 전한다.

FALL WINTER
F/W KNIT

소재와 직조 방법에 따라 다양한 매력을 드러내는 니트는 상황에 따라
다양하게 입을 수 있는 멋내기 아이템이다. 이너에서 아우터로 영역을 넓히고 있는
니트웨어는 F/W 시즌의 주연 같은 조연이다.

블랙 터틀넥 스웨터와
자잘한 체크 패턴 팬츠가
니트웨어의 심플한 멋을
잘 드러낸다. 아우터로
포멀 재킷을 입으면
비즈니스 자리에, 다운
점퍼를 입으면 캐주얼하게
연출이 가능하다.
드레시한 시계와 감각적인
브레이슬릿을 포인트로
착용했다.

자연스러운
멋을 풍기는
니트 스타일

F/W 시즌에 가장 즐겨 찾게 되는 아이템 중 하나인 니트웨어는 크게 힘들이지 않고 멋을 내기에 제격이다. 셔츠나 티셔츠 위에 그대로 입으면 아우터로, 재킷이나 코트 안에 입으면 이너로 활용할 수 있다. 마음에 드는 니트웨어를 찾기만 하면 상황에 따라 다채롭게 착용할 수 있는 것이다. 코디의 폭을 넓혀주는 니트는 특유의 부드럽고 우아한 분위기로 모든 차림에 잘 어울린다.

니트를 포함한 옷감은 조직의 밀도에 따라서 하이 게이지High Gauge와 로우 게이지Low Gauge로 분류하는데 촘촘하게 짜인 조직을 하이 게이지, 거칠게 짜인 조직을 로우 게이지라고 한다. 약간 거칠게 짜인 케이블 조직의 숄 칼라 니트는 요즘 인기가 높은 편으로 재킷 대신 활용하기도 한다.

니트웨어는 최근 가장 많이 변화한 패션 아이템 중 하나다. 예전에는 박시하고 루스한 실루엣이 주를 이루었다면, 근래엔 점차 도회적이면서 스마트한 디자인이 늘고 있다. 활동성과 보온성 면에서 정장에도 많이 활용되는 브이넥 하이 게이지 니트는 타이와 매치함으로써 남성만의 매력을 어필하거나, 스카프와 머플러 등을 활용해 변화를 줄 수도 있다. 베이지와 그레이처럼 기본이 되는 컬러 외에 포인트가 되는 컬러를 구비하면 다양하게 활용하기 좋다.

니트웨어를 멋스럽게 입으려면 전체적인 스타일링에서 포인트가 되는 요소를 살려준다. 또한 너무 품위 있게 입으려고 하면 오히려 촌스러워 보이니 자연스러운 실루엣을 살리며 스타일링 하는 것이 좋다.

VARIOUS KNIT

활용도 높은 니트웨어 6

1

2

1 니트 베스트 KNIT VEST 소매가
없는 니트 스웨터로 V존을 살릴 수
있어 타이와 매치해 포멀한 분위기를
연출할 수 있다. 단추나 지퍼가 달린
카디건 형태도 있다.
2 터틀넥 스웨터 TURTLENECK
SWEATER 스웨터의 네크라인
부분을 목에 밀착하여 높인 스웨터로
영국에서는 '폴로넥'이라고 한다.
카디건처럼 이너와 아우터에 모두 입을
수 있어 다양하게 활용하기 좋다.

3

4

5

6

3 숄 칼라 SHAWL COLLAR
목에 숄을 걸친 듯한 둥그런 띠
모양의 칼라 디자인을 가리키는
것으로, 보통 케이블 믹스 조직을
많이 사용한다. 스웨터와 카디건에
고루 적용한다.

4 모크 터틀넥 MOCK
TURTLENECK
터틀넥을 흉내 냈다는 의미로 단순히
높이 올라온 하이넥의 한 종류다.
얼핏 보면 터틀넥으로 보이기 때문에
하이넥과는 구별되어야 한다.

5 카디건 CARDIGAN
니트 앞면에 버튼이나 지퍼를 연결해
입기 쉽게 한 디자인이다. 이너는
물론이고 봄·가을 아우터로도
중요하다. 온·오프 관계없이 입을 수
있다.

6 라운드넥 니트 ROUNDNECK
KNIT 라운드 네크라인, 브이
네크라인, 터틀 네크라인은
니트웨어의 3대 기본 네크라인이다.
크루crew 네크라인은 원래
배의 승무원이 착용한 스웨터의
디자인에서 유래했다.

1 2 3

SWEATER STYLING

스웨터 스타일링

1 숄 칼라 스타일의 니트웨어에 셔츠와 타이를 믹스해서 스마트한 느낌을 살렸다. 블루 컬러 아미 스웨터와 콘트라스트로 연결되는 코듀로이 팬츠에 런던 스트라이프 셔츠, 네이비 울 타이를 코디하면 단정한 느낌으로 바뀐다. **2** 네크라인 주위가 둥글게 된 것이 특징인 스웨터로, 일반적으로 가장 많이 입는 스타일이다. 최근 남성과 여성 패션의 경계가 점점 약해지면서 남성도 선명한 컬러나 레드 계열의 니트를 입을 기회가 많아지고 있다. 이때 포인트는 컬러를 최대한 억제하는 것이다. 버건디와 그레이가 믹스된 니트에 캐주얼 스타일이 아닌 클래식한 카키 팬츠로 콘트라스트를 주었다. **3** 케이블 스티치 편직이 특징으로, 어부들이 사용하는 로프를 패턴화한 것에서 유래했다. 깨끗한 그레이 톤으로 청결하고 고급스러운 인상을 준다. 시니어들에게 어울리는 그레이 니트에 짙은 그레이 헤링본 팬츠를 매치해 그레이 하모니로 마무리했다. 네이비 블루 스카프를 맞추는 것으로 코디네이션에 산뜻함을 가미하면 젊은 느낌을 준다. 억지로 젊어 보이게 하지 않고 여유 있는 마인드가 중요하다. **4** 라운드넥 니트와 셔츠를 레이어링 할 때는 셔츠의 칼라 부분을 조금만 보이게 하는 것이 멋의 기본이다. 카키 컬러의 니트 스웨터에 데님 팬츠를 입어 콘트라스트를 보여주었다. 이것만으로 약간 부족하다 싶으면 네크라인 부분에 셔츠와 프티 스카프가 살짝 보이도록 멋스럽게 연출한다.

4

5 스웨터와 팬츠 색상이 자연스럽게 연결되는
원 톤 코디네이션으로 전체적으로 세련된 분위기다.
라운드 네크라인으로 살짝 보이는 체크 패턴 셔츠가
포인트다. 오프 스타일 분위기가 강한 스웨터라도
원 톤의 세련된 코디네이션에 재킷을 입으면 젠틀한
이미지를 표현할 수 있다.
6 목 아래 부분에 플라켓을 넣은 디자인이 특징인
니트. 영국 '헨리 로열 레가타' 선수들이 입었던
것에서 유래했다. 플라켓 부분의 V존에 포인트를 준
오피스 스타일의 코디로 베이지 컬러의 농담을 적극
활용했다. 로우 게이지로 짠 니트와 카키 팬츠가
샤프한 라인을 만들어내며, 스카프와 슈즈의 컬러도
브라운 계열로 맞춰 전체 이미지를 통일했다.

A   B

—

CARDIGAN STYLING

카디건 스타일링

► 니트 스웨터의 대명사

아우터의 역할은 물론, 이너로 입어도 매력적인 카디건은 심플한 드레스 스타일부터 다운된 캐주얼 스타일까지 다양한 연출이 가능하다. 카디건은 1853년에 시작된 크리미아 전쟁에서 유래된 것으로 알려져 있다. 영국의 카디건 가문의 백작은 전쟁에서 부상 당한 병사들이 치료받을 때 옷을 쉽게 입고 벗을 수 있도록 스웨터의 앞부분을 터서 단추를 연결했다. 카디건은 전쟁 후에도 실용성과 패션성을 지닌 니트 스웨터의 아이템이 되었다.

C

D

A 발스터 타입의 니트에
연베이지 팬츠를 맞춰 입었다.
리치하면서 스포티한 코디로,
심플한 차림이지만 카키를
중심으로 콘트라스트의 톤
차이를 주어 깔끔한 느낌이며
네이비 컬러의 머플러가 시선을
잡아준다. 베이지 코듀로이
팬츠에 카멜 브라운 로퍼를
매치하면 따뜻한 분위기를
연출할 수 있다.

B 베이지·보르도·다크
네이비 컬러의 조합으로
단정하다. 베이지 컬러
카디건의 따뜻함과
보르도와 진한 네이비의
차분함이 어우러져
전체적으로 여유 있어
보이게 마무리됐다. 차분한
보르도는 성숙한 세련미를
더하고 퍼fur 칼라는 중후한
느낌을 준다.

C 양팔의 화이트 포인트가
심플하면서 스포티하게
느껴지는 네이비 카디건이다.
칼라가 없는 카디건이 다소
허전해 보일 수 있어
네이비 계열의 플로럴 스톨로
목을 감아 보온성을 높이고
세련된 느낌을 주었다.

D 상의의 이너와
아우터를 모노톤으로
통일하고 대담한 패턴이
들어간 하의와 코디해
콘트라스트 효과를
주었다. 그린 & 블랙
체크의 스코티시 풍
세련미가 느껴진다.

F/W GOLF

신사의 스포츠 골프,
품격에 맞는 스타일링이 중요하다.

골프 라운드에는 기능성과
패션을 고려한 의상 선택이
필요하다. 특히 낙엽이 지고
쓸쓸한 분위기의 F/W 시즌에는
포인트 컬러를 잘 활용하면
좋다. 클래식한 패턴과 활력을
주는 컬러의 스웨터에다
팬츠는 베이식한 컬러를 매치해
전체적으로 심플한 인상을
연출했다.

예의와 개성을
모두 고려해야 하는
골프웨어

골프는 원래 영국 신사들의 스포츠이며 골프장은 사교의 장(場)인 만큼, 골프웨어는 수트와 마찬가지로 예의를 갖춰 입어야 한다. 명문 골프 코스에 초대받았다면 초대한 사람의 체면이 깎이지 않도록 드레스 코드를 맞추자. 골프 클럽은 각각의 드레스 코드를 홈페이지 등에 공지해 놓고 있으니 미리 확인하는 것도 골퍼의 에티켓이다. 골프는 혼자 하는 운동이 아니므로 다른 멤버들에게 불쾌감이나 위화감을 주지 않는 것도 중요하다. 그러나 룰은 시대 변화와 함께 변해가는 것이고 골프웨어는 유니폼이 아닌 패션의 한 영역이기 때문에 골프장에서 패션을 즐기는 것은 결코 나쁜 일이 아니다.

골프장에 입장 시에는 골프웨어가 아닌 제대로 된 네이비 재킷이나 블레이저에 칼라가 있는 셔츠, 팬츠, 슈즈를 착용하고 임하는 것이 정통 스타일이다. 슈즈는 로퍼나 드라이빙 슈즈 등 끈이 없는 타입이 편리하다.

골프 플레이의 복장에서 상의는 칼라가 있는 니트 셔츠나 터틀넥 니트를 입는다. 캐주얼한 티셔츠처럼 보이지 않게 칼라 높이가 3~4cm인 것을 고르면 좋다. 셔츠를 팬츠 밖으로 꺼내 입는 것을 금지하는 곳도 있으니 주의한다. 하의는 여유 있는 드레시한 팬츠에 벨트를 매는 것이 기본이다. 데님 팬츠와 주머니가 많은 카고 팬츠, 등산 팬츠 등은 적합하지 않다. 마지막으로 주위를 배려한다면 양말은 긴 길이가 무난하다. 수트에 긴 양말을 신듯이 골프에서도 긴 양말이 문제가 없다.

골프는 유니폼을 입고 하는 스포츠가 아니다. 골프만을 위한 복장을 입어야 한다는 규정도 없다. 상의로는 니트도 좋으며, 팬츠 역시 스트레치 효과가 있는 일반 팬츠라도 관계없다. '골프복이니까'라는 마음의 부담을 갖지 말고 자연스러운 옷차림을 유지하는 것이 세련돼 보이는 첫째 조건이다. 브랜드 로고가 너무 눈에 띄는 것을 고르지 않는 등 자기 나름의 기준을 갖는 것도 중요하다.

GOLF JACKET VARIATION

골프 재킷 베리에이션

➤ **평상복이 골프웨어로 변신**

A. **평상복 비즈니스 스타일** 네이비 블레이저라면 업무용으로만 염두에 둘 필요가 없으며 골프 재킷으로 선택해도 무리가 없다. 되도록 가벼운 원단으로 봉제된 재킷이 캐주얼한 느낌이 난다. 네이비 컬러 원 톤으로 잘 맞춰 입으면 단정해 보이지만 캐주얼한 느낌이 들기 때문에 휴일 라운딩 때 입기에 적격이다.

B. **골프장 입장 시 스타일** 네이비 블레이저 재킷은 호감 가는 스타일을 연출하기에 좋다. 품위가 느껴지는 네이비 재킷은 정중하며 세련된 이미지를 보여준다. 재킷과 니트 폴로셔츠의 매치는 자연스러운 품격을 드러내기 적당하다. 시즌에 맞는 카키 팬츠로 세련됨과 릴랙스한 느낌을 동시에 연출한다. 골프장에 입장할 때는 라운드 복장이 아닌 산뜻한 재킷 착용이 예의이므로 슈즈도 스니커즈가 아닌 가죽 슈즈를 신는다.

골프복을 평상복으로 변신

C. **평상복 스타일** 휴일에도 바꿔 입을 수 있는 정도가 딱 좋다. 아예 골프용으로 정해놓는 것이 아니라 라운드용 니트 파카, 하이 게이지 니트나 면 팬츠, 스니커즈 등과 조합해서 평상복으로 입는다. 이런 정도로 자유롭게 바꿔 입을 수 있다면 일관성이 유지되고 있다는 증거다.

D. **라운드 중 스타일** 휴일에 입기 좋은 네이비 니트 파카에 아이보리 스트레치 팬츠를 맞춰 입었다. 옷을 많이 껴입는 겨울 라운딩 때는 전체를 네이비·레드·아이보리 콘트라스트 코디로 센스 있게 표현하면 좋다. 레드는 살짝 눈에 띄게 코디하는 게 포인트이다.

A   B

GOLF STYLE

GOLF WARE
STYLING

골프웨어 스타일링

A 케이블 니트는 골프 코스에서도, 일상에서 평상복으로도 입을 수 있는 아이템이다. 네이비 코듀로이 팬츠와 네이비 모자, 아이보리 니트와 화이트 장갑처럼 니트와 팬츠의 컬러를 다른 아이템과 중복해 보자. 모자와 장갑을 생략한다면 케이블 니트, 아이보리 스웨터, 네이비 코듀로이 팬츠 조합이 오프에서도 무난한 스타일이다.

B 캐시미어 소재 네이비 파카는 골프웨어는 물론 평상복으로 손색없는 스포티하면서 고급스러움이 느껴지는 아우터다. 방풍 필름으로 감싼 안감은 바람막이 역할을 해준다. 코디네이션을 쉽게 하려면 네이비·그레이·크림색 컬러를 함께 사용한다. 부드러운 크림색은 품격 높은 골프 스타일을 완성해 준다.

C 골프 코스의 날씨는 변하기도 쉽고 플레이 후반에 가랑비가 내릴 때도 자주 있기 때문에 방수 기능이 있는 윈드 재킷은 중요한 아이템이다. 전체적으로 화이트 컬러를 많이 사용한 모노톤 코디로 쿨하게 연출하고, 윈드 재킷과 슈즈의 블랙 라인으로 통일감 있게 악센트를 준다.

D 골프는 드레스 코드가 엄격한 운동이라고 생각하기 쉽다. 맞는 말이지만 그것을 지키면서 동시에 자신의 개성을 좀 더 표현하도록 노력한다. 이른 봄에는 일상복에서 자주 볼 수 있는 부드러운 그레이 톤온톤 코디가 골프 코스에도 잘 어울리고 세련된 분위기를 만들어 준다.

패션에 대한 관심이
남자의 인생을
바꾼다

패션이 당신의 브랜드 가치를 보여준다

어려서부터 멋 내는 것을 좋아해 온 사람은 나이를 불문하고 자유롭게 패션을 즐기곤 한다. 그러나 복장에 그다지 흥미가 없는 사람이 혼자 노력해서 패션 센스를 키우기란 어려운 일이다. 특히 경영자들이나 대부분의 전문직 종사자들에게 일과 패션은 그다지 관련성이 없는 것으로 여겨진다. '옷을 어떻게 입든 일만 잘하면 된다'는 것이 보통의 인식이어서, 복장에는 관심 없는 리더들이 많다.

그럼에도 불구하고 비즈니스 현장에서 패션의 중요성은 점점 더 높아지고 있다. 일반 회사원들에 비해 경영자들이나 전문직 종사자들은 일에서 '자신이 주역'이다. 자신이 항상 선두에서 일을 추진해 나가야만 한다. 다시 말해 경영자의 인상이 곧 회사의 인상이다. 경영자의 복장이 센스가 부족해 보이면 고객은 '이 회사를 신용해도 괜찮을까', '무언가 일이 잘될 것 같지 않아' 등 즉시 부정적인 느낌을 갖기 쉽다.

비즈니스는 대화를 나누기 전부터 시작된다. 지금, 당신이 입고 있는 옷이 당신의 인상을 좌우할 수 있다. 그러므로 비즈니스맨의 복장은 단순한 개인 취향이 아니라 '비즈니스의 의무'로 인식되어야 한다. '적당히 골라 입으면 되는 거 아닌가'라는 인식부터 바꾸자. 오래전부터 복장의 중요성을 이해하고 있는 사람들의 대표적 예가 바로 미국의 정치가와 경영자들이다. 그들은 미국의 정치·경제의 무대 전면에 서는 사람들로, 스타일을 하나의 전략으로 받아들이고 항상 중시하고 있다. 이러한 흐름은 최근 우리나라에서도 확산되는 추세다. 대기업의 경영자들도 스타일리스트로부터 상담받는 일이 늘고 있다.

그러나 일시적으로 스타일리스트의 도움을 받더라도 자신의 취향에 맞춰 자기 기준대로 옷을 입으려고 노력해야 한다. 스타일은 '나다움'을 나타내기 위해 정말 중요한 요소다. 새로운 사업을 발표하는 자리에서 경영자의 복장이 세련되지 않다면 상품이나 서비스까지 신뢰받지 못하고 나쁜 인상을 주게 된다. 사회가 성숙함에 따라 '디자인'의 중요성이 강조되는 추세다. 상품의 패키지뿐만 아니라 경영자의 복장 또한 중요한 패키지가 되고 있다. 자신의 스타일을 확실히 정립해 두는 것이 필요한 시대다.

대기업 경영자들에게만 패션이 중요한 것은 아니다. 중소기업 경영자나 전문가들이야말로 패션을 통해 차별화하는 것이 필요하다. 동종 업계의 수많은 회사들 사이에서 어떻게 타사와의 차이를 부각하느냐가 관건이기 때문이다. '센스 있어 보이는 분위기'를 만들어 차별화하는 기업이 늘고 있다. 새로운 선택을 해야 한다면 낡은 곳보다는 새롭고 세련되어 보이는 곳을 선택하는 것이 고객의 심리인 것이다.

필자의 주변에는 IT 기업의 경영자, 의사, 대학교수, 투자가, 정치가, 연예인 등 다양한 업종에 종사하는 분들이 있다. 직업과 관계없이 많은 분들이 패션에 관심을 보인다. 대부분의 공통된 바람은 '업계에서 차별화해 나가고 싶다'이다. 이제는 '다름'을 눈에 보이는 형태로 표현하는 것도 정말 중요한 일 중 하나가 되고 있다. 또한 최근 들어 두드러지게 나타난 현상이 'SNS의 일반화'다. 지금까지는 온라인에 얼굴을 공개하는 것을 주저하는 사람들이 많았다. 그러나 SNS가 일반화됨에 따라 온라인에 개인의 얼굴을 공개할 기회가 증가하고 있다. 단 한 장의 프로필 사진에서도 그 사람의 분위기, 센스를 엿볼 수 있다. 경영자들은 기업의 홈페이지, SNS 등을 통해 미디어에 노출될 기회가 늘고 있으므로 자신의 이미지에 더욱 신경 써야 한다.

우리는 항상 무언가를 입지 않으면 안 된다.

어차피 옷을 입어야 한다면 헐렁하고 수수한 복장이 아닌 품위 있고 개성이 느껴지는, 자신의 브랜드 가치를 높이는 옷을 입는 게 어떨까. 그 성과는 숫자로도 나타난다고 생각한다.

스타일 좋은 사장님은 어디 있을까?

최근 경영자들 중에서 패션에 신경을 쓰는 사람은, 필자가 받은 느낌으로 전체의 10% 이하다. 이것은 그리 놀랄 일이 아니며 일반인들 중에서 패션에 신경 쓰는 사람 역시 비슷한 비율이다. 멋있다는 이야기를 듣는 사람들이 사회 전체의 10% 이하이기 때문에 '다른 것과의 차이'를 제대로 만들어 내서 그 결과로 멋있게 보이면 된다고 생각한다.

경영자라고 하면 일반인들보다 금전적으로 자유롭기 때문에 멋있는 사람도 더 많을 것 같지만, 실제로는 그렇지 않다. 확실히 많은 경영자들이 복장에 나름대로 돈을 쓰고 있다. 백화점에서 옷을 구매하거나 양복을 맞춰 입는 등, 주변 사람들이 지켜보는 위치다 보니 나름 옷에 투자하는 사람이 적지 않다.

그런데도 멋있는 사장님이 많지 않은 것은 왜일까? 경영자들은 대부분 바쁘다. 직접 여유 있게 옷을 사러 갈 시간이 없다. 그렇기 때문에 부인에게 맡기거나 백화점 판매 사원에게 맡기는 등 누군가에게 일임하는 경우가 많다. 물론 일임한 상대가 옷을 잘 안다면 별문제가 없지만, 사정은 그리 간단하지 않다.

남성의 패션에는 역사적인 배경이 있고 여성의 옷차림과는 크게 다른 점도 많다. 더군다나 비즈니스를 위해 입는 옷은 명확한 의도가 있기 마련이다. 신뢰감이 중요시된다, 센스 있어 보여

야 된다 등 각각의 의도가 있을 것이다. 이러한 점들을 충분히 고려한 후에 옷차림을 마무리하는 것은 결코 간단한 일이 아니다.

지금까지 부인이 골라준 옷을 주로 입는다는 분들을 많이 만나 봤지만, 유감스럽게도 비즈니스에 잘 어울리는 복장을 하고 있는 분은 드물었다. 사실 부인이 남편의 옷을 고르는 것은 생각보다 어려운 문제다. 패션 전문가가 아니기 때문에 남성복 전문점을 모르는 경우가 많다. 어디에 가야 제대로 된 옷들이 갖춰져 있으며, 어떤 브랜드가 격이 높고 퀄리티가 좋은지 등의 정보를 대부분의 여성이 잘 알지 못한다. 패션 감각이 좋은 여성이라 해도 자신의 옷을 사는 것과는 다르기 때문에, 이런 정보 유무에 따라 큰 차이가 생긴다.

자신의 옷은 자신이 직접 고르자. 이것이 가장 빠르고 옳은 방법이다. 직접 매장을 방문해 옷을 골라서 입어 보기를 되풀이하다 보면 옷을 통해 자신을 표현하는 것이 가능해진다. 유감스럽게도 오 토 매직 시스템으로 멋지게 되는 방법은 아직 없다. 일단 부인이 선택한 옷으로부터 벗어나는 것을 목표로 삼기를 권한다. 물론 부인이 상처받지 않도록 잘 설명하는 것이 우선이다.

중년, 나만의 스타일을 찾아야 할 때

"어떤 옷들을 골라야 할지 몰라서, 할 수 없이 브

랜드 상품으로 골라 입는다"고 하는 사람은 보면 금방 알 수 있다. 사람과 옷이 어울리지 않고 단지 전신에 브랜드를 감싸고 있는 느낌만 들 뿐 개성은 조금도 느껴지지 않기 때문이다. "이 브랜드가 좋아서 옷 전체를 하나로 통일해 입는다"고 하는 사람도 있다. 매 시즌 좋아하는 브랜드에서 나오는 상품 중 디자인, 컬러, 사이즈를 골라 입는 것은 그렇다 하더라도 번거롭고 귀찮다는 이유로 브랜드나 매장의 제안에 의존하는 것은 좋지 않다.

그러나 흉내 내어 입으려고 하는 것은 결코 잘못된 것이 아니며, 특정 브랜드를 선호하는 것이 나쁘다고는 할 수 없다. 문제는 마치 먹이를 받아먹는 동물처럼 제안하는 스타일을 단순히 계속 흉내 내는 것이다. 첫인상은 좋았으나 만날수록 내면이 가난한 사람이라고 단정되는 것과 같다는 점을 알아야 한다.

브랜드를 옷을 고르는 기준으로 삼으면 스스로의 가능성을 없애게 된다. 물론 브랜드가 제안하는 스타일에서 배울 점도 많지만, 거기에만 너무 의존하면 입고 있는 사람 자신의 개성이 드러날 수 없다. 이런 이유로 유행하고 있는 아이템을 입어도 멋있게 보이지 않는다. 따라 하면서 코디하는 것은 처음 몇 번으로 충분하다.

모든 것을 다 흉내 내지 말고 마음에 드는 것을 고른 후 자기 나름대로 코디해 보는 것에 조금씩 즐거움을 느끼다 보면 빠르게 발전할 수 있다.

불과 십몇 년 전만 해도 브랜드의 최신 스타일이 무엇인지, 옷을 어떻게 입는 것인지, 어떤 아이템이 새로 나왔는지에 안테나를 세우고 있지 않으면 쫓아갈 수 없었다. 해외 잡지를 통해 스타일을 알게 되고, 영화를 통해 패션에 대해 흥미를 느끼고, 이러한 관심들이 계기가 되어 나름대로 이미지를 만들어나갈 수 있었다. 어느 것도 쉽게 손에 넣을 수 없었기 때문에 이미지를 만들기 위해 필요한 것을 항상 생각하도록 훈련되었고, 이러한 과정을 거쳐 오늘의 한국 패션 산업이 자리 잡게 되었다.

지금은 가만히 앉아서도 많은 정보를 접할 수 있다. 시장 여기저기에 최신 아이템이 즐비하고 인터넷에도 패션에 관한 각종 정보가 넘쳐난다. 누구든지 어렵지 않게 멋쟁이처럼 입을 수 있는 시대가 되었다. '지금 꼭 사야 하는 브랜드', '트렌드 코디네이션' 등 정보가 많다는 것은 편리하긴 하지만 한계가 있다. 브랜드나 매장의 편리한 환경에 익숙해져 그대로 당하고 있다는 것을 모른다는 점이다. 여러 가지 상품들이 섞여 있는 복잡한 환경 속에서 자신에게 맞는 것을 찾아내는 안목과 호기심이 당신의 인생을 반드시 바꿔줄 것이다.

비즈니스 스타일에서는 매너와 신뢰감이
중요하기 때문에 어느 정도 포멀한 느낌이 반드시 필요하다.
주변 사람들의 옷차림이 흐트러지는 더운 계절에 매너를 갖춘
스타일을 선보인다면 한층 좋은 이미지를 만들 수 있다.

2

성공한 남자의 여유로움,
봄 여름 스타일링

PART 2 S/S

S/S JACKET

봄과 여름은 가을과 겨울에 비해 격식보다는
편안함이나 쾌적함에 무게를 둔다.
그렇다 해도 품격이 필요한 자리에 재킷은 필수다.

밝은 컬러의 재킷은 자주
입지 않는 아이템일 수 있지만
산뜻하고 단정한 인상을 주는 데
효과적이다. 모던한 느낌에 활력
넘치는 모습을 보이고 싶다면
퍼플이나 다크 네이비처럼
포인트가 되는 컬러의 이너를
입는 것이 좋다.

산뜻한 동시에
격식을 잃지 않는
재킷 스타일

여기 소개하는 S/S 재킷 스타일은 쿨비즈나 스마트 캐주얼을 의식한 코디네이션이다. 비즈니스에서 드레스 코드는 회사에 따라 상당한 차이가 있다. 반소매 폴로셔츠 하나로도 통용되는 회사가 있는가 하면, 드물지만 더운 여름에도 반드시 타이를 착용해야 하는 회사도 있다.

한편 명확한 기준이 없기 때문에 다소 애매하게 느껴질 때면 각자 판단해 입는 경우가 많다. 가끔 음악회나 고급 레스토랑에 초대받았을 때 드레스 코드가 '스마트 캐주얼'인 것을 본다. 그렇다면 스마트 캐주얼이란 무엇일까? 정확한 정의는 없지만 기본적으로는 재킷과 팬츠 스타일을 중심으로 한, 수트보다 캐주얼한 느낌이 가미된 복장이다. 어느 정도 품격을 갖춰야 하는 장소에서 필요한 복장 기준인 것이다.

당연한 일이지만 S/S의 재킷은 F/W에 비해서 대부분 원단이 얇다. 컬러의 차이도 있다. 예를 들어 블루 계통 컬러도 짙은 네이비보다는 밝은 네이비로 바뀌는 식이다. 이렇게 계절적으로 변화하는 요소를 잘 활용하기 위해서는 재킷의 스타일을 약간 변경해 보는 것이 좋다. 스타일이 베이식한 재킷이라면 평범한 포켓보다는 패치 포켓을 골라보자. 미묘한 차이가 느껴질 것이다. 컬러 또한 평범한 네이비보다는 퍼플이 느껴지는 네이비나 그린이 가미된 네이비 등 난색 계열의 컬러가 많아지는 것도 최근 S/S 시즌의 특징이다. 이런 변화에 대처하기 위해서는 클래식한 그레이 계열이 아닌 다른 컬러가 살짝 섞인 그레이를 선택하는 것이 좋다. 상하의를 단순한 네이비로 컬러 차이를 두는 것이 아니라, 상하의 2가지 중 하나는 애매한 네이비 컬러와 코디하여 옷차림에 새로움과 청량감이 느껴지도록 한다.

SUMMER JACKET

서머 재킷

► 서머 재킷을 활용한 스마트 캐주얼 연출

콤비 스타일의 재킷을 자유자재로 연출해 입는 것을 일명 '스마트 캐주얼'이라고 한다. 비즈니스와 캐주얼에 두루 잘 어울리며, 재킷을 생략하기도 하지만 비즈니스 리더의 경우 재킷이 꼭 필요하다.

블루 체크 재킷에 무늬가 없는 솔리드 이너 니트와 짙은 그린 컬러의 팬츠를 코디해서 상의에 포인트를 주었다. 거기에 내추럴한 브라운 스웨이드 소재의 로퍼를 매치해 편안함을 연출했다. 아침저녁에는 선선한 초여름이나 초가을에는 리넨 머플러를 하면 좋다.

한편 그레이 하운드투스 재킷에 오렌지 니트 티셔츠를 입고, 팬츠는 블루 데님을 입어 서로 대비를 주었다. 오렌지처럼 따뜻한 계열의 컬러는 얼굴을 화사해 보이게 한다.

라운드 티셔츠를 입을 때는 하나만 입는 것보다는 셔츠를 레이어링 하면 좀 더 격식 있어 보인다. 셔츠와 포켓치프는 화이트로 통일했다.

라이트 블루 스트라이프 재킷·블루 셔츠·블루 팬츠를 매치하고, 슈즈와 벨트 역시 밝은 컬러로 통일했다. 전체적으로 밝은 컬러의 코디는 체형이 왜소한 사람에게 잘 어울린다.

1 블루 체크 재킷에 블루·그린·카멜 등 다양한 컬러를 조화롭게 활용했다.
2 라이트 블루 스트라이프 재킷과 블루 셔츠, 화이트 팬츠로 전체적으로 시원하고 밝은 컬러를 활용해 활동적인 이미지를 완성했다.
3 오렌지 니트 티셔츠와 블루 데님 팬츠의 대비로 상큼하고 화사한 이미지를 연출한다. 그레이 하운드투스 재킷으로 품위를 더했다.

2 3

화이트 재킷이 레드
폴로셔츠와 블루 팬츠의
강렬한 대비를 중화한다.
화이트 재킷이 주는
드레시함을 패셔너블하고
캐주얼하게 풀어낸
스타일링이다.

WHITE JACKET

화이트 재킷

☛ 가까이할수록 매력적인 화이트 재킷

화이트 재킷은 이너와 팬츠의 매치에 따라 색다른 분위기를 연출할 수 있다. 오프 스타일로 연출할 때는 폴로셔츠와 컬러 팬츠를 매치하면 경쾌한 분위기를 즐길 수 있다. 티셔츠와 팬츠 컬러가 상반되더라도 화이트 재킷이 중화시켜 생각보다 복잡한 느낌이 없다. 캐주얼한 무드에 패셔너블한 감각을 더하고 싶다면 화이트 재킷과 조화를 이루는 화이트 톤, 그리고 이너로 입은 티셔츠 컬러와 어울리는 색상의 포켓치프로 포인트를 주면 좋다.

화이트 재킷을 온 스타일로 연출하고 싶다면 셔츠와 함께 입는다. 이때는 베이식한 화이트 셔츠 또는 라이트 베이지 톤의 마 소재 셔츠가 좋다. 타이 대신 셔츠 안에 블루 계열의 프티 스카프를 매면 패션 감각이 더욱 좋아 보인다.

1 포켓치프는 셔츠 안의 프티 스카프와 같은 블루 계열로 통일해 안정감을 주었다. 2 팬츠와 자연스럽게 연결되는 슈즈가 편안한 멋을 전한다. 3 선글라스·벨트·슈즈 등은 브라운 컬러로 통일해 화이트 재킷과 조화를 이루도록 했다.

재킷 원단의 조직감이
입체적으로 표현되어 생동감을
주고 칼라와 라펠, 소매 라인을
장식한 스티치가 내추럴한
베이지 컬러의 매력을 더욱
돋보이게 한다. 네이비 베스트,
와인 컬러 니트 타이가
세련되면서도 지루하지 않다.

BEIGE JACKET

베이지 재킷

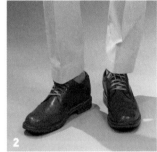

► 부드러운 카리스마의 표현

베이지 컬러는 부드럽고 내추럴한 인상을 준다. S/S 시즌에는 포멀한 수트보다는 재킷을 입는 경우가 많은데 섬유의 조직이 거칠게 보이거나, 바느질 땀 등이 살짝 보이는 등 소재 자체에 디테일이 가미된 것이 좋다.

온 스타일에는 베스트·셔츠·타이 등을 함께 입고, 오프 스타일에는 니트나 폴로셔츠 등을 매치한다. 위트 있는 부토니에를 활용하면 심플한 베이지 재킷에 적절한 포인트가 된다.

왼쪽 페이지의 사진에서는 베이지 톤의 재킷과 팬츠를 통일감 있게 매치하고 짙은 네이비 베스트와 와인 컬러 니트 타이로 상반신에 포인트를 주었다. 오른쪽 착장의 베이지 재킷과 베이지 니트의 조합은 더할 나위 없이 편안해 보인다. 밝은 베이지 컬러 팬츠와 브라운 스웨이드 캐주얼 슈즈를 매치해 내추럴한 위크엔드 룩을 완성했다. 도트 무늬의 포켓치프가 작지만 감각적이다.

1 재킷 사이로 살짝 드러나는 브레이슬릿은 활용하기 좋은 액세서리다.   **2** 화이트 팬츠에 브라운 스웨이드 슈즈가 감각적이다.   **3** 위크엔드 룩으로 추천하는 착장. 재킷 안에 입은 니트와 팬츠의 컬러가 자연스럽게 연결되어 편안하고 여유로워 보인다.

그레이와 블루 컬러로 이루어진
작은 패턴의 하운드투스 재킷
안에 화이트 면 소재 티셔츠와
블루 팬츠를 매치해 오프
스타일을 연출했다. 체크 패턴
안에 사용된 블루를 팬츠 컬러로
선택해 통일감을 주었다.
아주 작은 패턴의 셔츠는
보이는 부분이 작아 튀지
않으면서 조화를 이룬다.

HOUND TOOTH JACKET

하운드투스 재킷

➤ 세련된 오프 스타일에 제격인 하운드투스 체크 재킷

옷의 두께가 얇아지는 S/S 시즌에는 포멀한 수트보다는 재킷을 더 많이 입게 되며, 이는 오프 스타일에서도 마찬가지다. 하운드투스 체크 같은 클래식한 패턴이 들어간 재킷은 무지 재킷보다 비즈니스 리더에게 더 잘 어울리는 아이템이다.

이때 고려해야 할 스타일링 팁은 재킷 이외의 아이템을 무지로 통일하는 것이다. 재킷에 이미 패턴이 있기 때문에 다른 아이템에 패턴을 사용할 경우 다소 난해해 보일 수 있다. 기본 패턴은 하나만 사용하고 그 외의 아이템은 무지로 맞추면 클래식하면서도 심플해 보인다. 재킷으로 포인트를 주고 나머지 디테일을 절제함으로써 깔끔하면서도 세련된 이미지를 연출하도록 한다.

1 블루 팬츠와 블루 타이를 매치해 컬러를 통일했다. 내추럴한 느낌의 베이지 베스트와 화이트 셔츠, 블루 니트 타이를 매치하면 온 스타일의 포멀한 느낌을 줄 수 있다. **2** 짙은 블루 컬러의 폴로셔츠를 입으면 편안한 인상을 줄 수 있다.

S/S JACKET STYLE

LIGHT COLOR JACKET

라이트 컬러 재킷

► **기분전환까지 가능한 아이템**

계절감을 반영한 밝은 컬러(대표적으로 베이지, 그린, 블루 등)로 다양한 스타일을 만드는 라이트 컬러 재킷은 S/S 시즌 활용도가 높은 아이템이다.

무채색이나 브라운 계열의 재킷을 선호한다면, 블루와 그린 등 산뜻한 컬러의 셔츠와 밝은 색 팬츠를 코디하면 정갈한 스타일링이 완성된다. 노타이 차림이지만 포켓치프 하나만으로도 세미 온 스타일의 세련된 착장이 된다.

다소 과감하게 느껴지는 그린 재킷에 블루 팬츠, 브라운 카디건 등 이탈리언 스타일로 연출하고 기본이 되는 솔리드 패턴 타이를 매치하면 패셔너블하면서도 젠틀한 이미지가 완성된다.

블루는 청량한 느낌을 주는 S/S 시즌 베스트 컬러다. 블루 라이트 재킷에 블루 베스트, 블루 스트라이프 팬츠의 매치는 시원한 느낌을 준다. 이때 셔츠는 화이트, 슈즈는 블랙으로 매치하면 심플하면서도 세련돼 보인다.

1 재킷·팬츠·슈즈를 그린과 화이트 계열의 밝은 색상으로 선택해 자연스러운 농담을 보여주는 스타일링이다. 톤 다운된 그린 컬러의 셔츠를 선택해 무게감을 더하고 포켓치프로 세련된 품격을 자아낸다.
2 그린 재킷과 블루 팬츠의 유사색을 매치해 경쾌한 느낌을 주었다. 타이와 카디건을 브라운 계열로 통일해 안정감을 준다. **3** 라이트 블루 계열의 재킷, 베스트, 팬츠의 톤온톤 매치가 계절감을 잘 드러낸다. 기본이 되는 화이트 셔츠와 블랙 로퍼가 안정감을 준다.

1

밝은 브라운 카디건
속에 화이트 셔츠와
베이지 타이로 V존을
완성했다. 타이와 셔츠
모두 까슬까슬한 느낌의
마 소재로 시원한 느낌이
든다. 화이트 셔츠, 브라운
카디건, 카키 재킷의 조합이
내추럴한 세련미를 풍긴다.

FOUR POCKET JACKET

포 포켓 재킷

1 편안한 주말여행에 추천하고 싶은 스타일이다. 라운드 티셔츠에 베스트를 매치해 포인트를 주었다. **2** 상하의 모두 아메리칸 캐주얼 차림으로 와일드한 느낌을 연출했다. 올리브 그린과 블루는 어디에나 통용되는 불변의 컬러 매치. 컬러가 약간 바랜 듯한 블루 데님은 편한 인상을 준다. 아메리칸 캐주얼 계열의 아이템을 상하로 맞출 경우에는 깨끗하고 고급스러운 슈즈를 신는 것이 좋다. 플레인 토 네이비 슈즈는 전체적으로 캐주얼한 느낌 속에서도 품격과 성숙함을 드러낸다.

► 활용도 높은 만능 아이템

휴일에도 착용 가능한 포 포켓 재킷은 도회적이면서 경쾌한 멋이 있다. 멜란지 느낌의 청량감이 있는 면 소재의 포 포켓 재킷은 사파리와 밀리터리룩의 중간 정도 테이스트를 나타낸다. 온·오프를 불문하고 입기 쉬운 만능 아우터 중 하나다. 올리브그린 컬러가 약간 무겁게 보일 수 있으므로 이너웨어나 팬츠는 워싱 느낌의 내추럴한 아이템을 매치해야 밸런스를 맞출 수 있다. 블루 데님 팬츠나 오프 화이트 컬러를 코디하는 것이 최상이다.

BLUE KNIT JACKET

블루 니트 재킷

전체적으로 블루 톤 색상으로
코디해 안정감을 주었다.
베스트를 코디해 니트 재킷을
보다 정중하게 연출했다.
셔츠, 베스트, 재킷의 믹스 앤
매치 코디네이션이 돋보인다.

➤ 편안함 속에 담긴 정중함

부드러운 질감의 니트 재킷은 착용감이 뛰어나서 젠틀맨의 아우터 가운데서도 베스트 아이템이다. 편안하면서도 캐주얼한 느낌의 블루 니트 재킷은 주말 행사나 연주회, 가족 모임 등에 잘 어울린다.

블루 재킷은 네이비 컬러와 함께 입으면 세련된 느낌이 난다. 블루·네이비·그레이 등 쿨한 컬러의 조합으로 여름 시즌에도 활용도가 높다. 온 스타일을 위해 셔츠와 타이를 고를 때도 지나치게 포멀한 스타일보다는 내추럴한 느낌의 컬러와 소재를 선택하기를 추천한다.

블루 니트 재킷을 오프 스타일로 입을 때에는 니트 티셔츠와 면 팬츠, 스니커즈 등 기본 캐주얼 스타일에 재킷만 걸쳐도 충분하다. 네크라인이 조금 심심하게 느껴진다면 같은 블루 계열의 셔츠를 티셔츠 안에 입어보자. 편안하면서도 스타일리시한 패션을 완성할 수 있다. 팬츠 선택에 따라 전체적인 스타일링의 무드를 달리할 수도 있다. 편안하고 활동성 높은 니트 재킷으로 스타일링의 묘미를 즐겨보면 좋겠다.

1 상의는 전체적으로 블루 계열로 색상을 통일했고 팬츠는 베이지 톤으로 코디해 안정적이면서 경쾌한 느낌이다.
2 셔츠와 타이 매치는 주말 행사나 가족 모임 등에 적합하다.
3 블랙 슈즈는 안정감을 준다.

1 2

NAVY JACKET

네이비 재킷

► **TPPO를 초월한 스타일의 연금술사**

네이비 재킷은 젊고 엘리건트한 이미지를 동시에 표현해 호감도를 높여주는 기특한 아이템이다. 네이비 재킷 스타일 중의 기본은 솔리드 셔츠와 함께 입는 것이다. 화이트 셔츠를 입는다면 정통파의 단정한 이미지를 줄 수 있다.

한편 네이비 재킷 코디네이션에서 계절감을 결정짓는 것은 팬츠다. 여름에는 화이트 팬츠를 코디하면 좋다. 예를 들어 크루즈 여행을 간다면 네이비 재킷과 그에 맞는 컬러인 화이트와 블루를 매치해 보자. 바다와 하늘 등 자연의 풍광과 어울리는 모습을 하고 있으면 선상에서도 멋있게 보인다. 유럽 등의 리조트에 간다면 그곳의 풍경에 어울리는 컬러를 맞추어 나가는 것이 필요하다.

네이비 재킷을 입을 때는 TPPO, 다시 말해 언제time, 어디에서place, 누구와person, 무엇 때문에object를 고려해야 한다. 예를 들어 휴일에 이탤리언 레스토랑에 간다면 반드시 재킷을 입어야 하며, 중요한 손님과 만난다면 타이를 매야 한다. 반대로 가족이나 연인 등 가까운 사람들과 어울리는 자리라면 타이는 매지 않아도 좋다.

고급 레스토랑은 네이비 재킷을 입었다 해도 데님 팬츠 차림을 허용하지 않는다. 어떤 해외 유명 레스토랑에 오후 6시 이후 재킷과 데님 차림으로 간 적이 있었다. 스마트 캐주얼이란 드레스 코드를 의식한 복장이라고 생각했지만 "손님, 오후 6시 이후에 진 팬츠는 곤란합니다"라는 말을 들었다. 이유가 무엇일까? 데님의 유래는 작업복이다. 격식을 갖추는 자리에 갈 때는 네이비 재킷을 입더라도 데님을 착용해서는 안 된다는 걸 알았다. 필자는 스스럼없는 사람과 만날 때는 셔츠만 입더라도 네이비 재킷을 항상 손에 들고 간다. 입어야 할 상황이 생길지도 모르니 준비해 두는 것이다. 캐주얼 스타일에도 네이비 재킷은 머스트 해브 아이템이다.

1 재킷과 자연스럽게 연결되는 컬러의 이너와 팬츠·슈즈까지 원 톤으로 코디한 세심한 세련됨이 느껴진다. **2** 다소 과감해 보이는 체크 패턴 팬츠에 벨트와 슈즈를 블랙으로 매치해 균형 감각을 보여주는 스타일링이다.

➤ 사람들에게 신뢰를 주는 옷차림의 완성

네이비 재킷은 이너와 팬츠의 선택에 따라 정중한 포멀 스타일부터 감각적인 캐주얼 스타일까지 다양한 연출이 가능하다. 비즈니스를 위한 온 스타일로 입고 싶다면 화이트 셔츠에 네이비 재킷과 동일 컬러인 네이비 빈티지 스트라이프 타이를 매치하면 은은한 개성을 표현할 수 있다. 지적인 스타일로 보이고 싶다면 짙은 네이비·차콜·블랙 등 다크 톤의 팬츠나 베스트, 슈즈 등을 매치하면 좋다. 앤디 워홀이 턱시도 재킷에 데님을 맞춰 입은 것처럼 네이비 재킷에 워싱 데님을 매치하면 좀 더 감각적인 분위기를 연출할 수 있다. 화이트 셔츠와 데님 등은 누구나 하나쯤 갖고 있는 아이템이기 때문에 시도하는 것도 어렵지 않다. 여기에 엘리건트한 감각을 더하고 싶다면 패턴이 있는 포켓치프를 활용하면 된다.

1 그린 라운드 티셔츠와 네이비 재킷 매치가 활기 있어 보인다. 2 네이비 재킷과 대조를 이루는 핑크 팬츠 매치가 감각적이다. 재킷과 연결되는 컬러의 스카프로 차분한 감성을 유지했다. 3 라운드 티셔츠, 팬츠, 빅사이즈 토트백의 컬러는 밝게 통일하고 네이비 재킷으로 중심을 잡아 프레시한 인상을 준다. 4 네이비 재킷에 네이비 스트라이프 타이를 매치하면 은은한 개성을 표현하면서 동시에 성실해 보인다. 5 패션 아이템을 네이비·차콜·블랙 등 다크 톤으로 통일하면 아트나 연극 관람 등에 어울리는 쿨한 차림이 된다. 6 네이비 재킷에 빛바랜 데님 등 누구나 하나쯤 갖고 있는 아이템만으로도 충분히 세련된 느낌을 줄 수 있다. 7 편안한 그레이 니트를 입고 슈즈도 그레이 스웨이드를 신으면 캐주얼해 보인다.

S/S SUIT

수트도 셔츠도 모두 완벽하게 코디했다고 안심해서는 안 된다.
옷차림은 TPO, 다시 말해 그때그때의 상황을
파악해 갖추는 것이 중요하다.

리넨 믹스 그레이 하운드투스
수트를 화이트 셔츠,
화이트 포켓치프와 코디해
청량감을 잘 연출했다. 관록이
느껴지는 실루엣과
산뜻한 디자인으로 스타일에서도
내면의 깊이가 느껴진다.

반드시 지켜야 할
여름 수트 스타일의
기본 원칙

———

지구 온난화의 영향으로 여름이 점점 더 무더워지고 있다. 더운 계절이면 쿨비즈cool biz의 가벼운 수트 차림이 많이 보인다. 정부와 언론 또한 '쿨비즈 캠페인'을 벌이는데 좋은 현상이라고 생각한다. 그러나 업무와 상관없이 무조건 타이를 매지 않거나 리조트에 어울리는 알로하 셔츠를 입어서는 안 될 것이다.

노타이no-tie에 심플한 셔츠만 입는 것은 괜찮지만, 눈에 띄는 장식이나 화려한 디자인이 가미된 셔츠는 업무용으로 적합하지 않다. 무더위 때문에 점점 가벼운 차림을 하다가 자칫 기본에서 벗어나는 모습이 될 수 있다. 제대로 된 복장을 갖추어 업무에 임하겠다는 마음가짐을 지니고 단정하면서도 시원해 보이는 차림을 갖추는 것이 진정한 쿨비즈다.

비즈니스 스타일에서는 매너와 신뢰감이 중요하기 때문에 어느 정도 포멀한 느낌이 반드시 필요하다. 오피셜한 상황에서는 계절에 상관없이 재킷에 긴소매 셔츠, 타이가 기본이다. 패션의 측면에서도 주변 사람들의 옷차림이 흐트러지는 더운 계절에 매너를 갖춘 스타일을 선보인다면 한층 좋은 이미지를 만들 수 있다.

타이를 잘 매지 않으니까 셔츠의 디테일한 부분을 더 강조하고 싶다고 생각하는 사람들이 많다. 그러나 칼라 높이가 너무 높거나 단추와 단춧구멍에 눈에 띄는 컬러를 사용한 셔츠는 비즈니스 룩에 맞지 않는다. 이런 셔츠류는 야간에 사적인 파티에서 입는 용도이거나 셔츠 메이커에서 만든 전시용이다. 반소매 셔츠 역시 최근에 입는 사람이 늘어나고 있으나 원칙적으로 비즈니스 룩에서는 허용되지 않는다.

NAVY SUIT

네이비 수트

남성 패션에서 가장 클래식하면서
절제된 감각을 드러내는 것이
네이비 수트다. 화이트 셔츠에
도트 무늬 타이가 세련된
매치를 보여준다. 셔츠와 같은
화이트 포켓치프가 단호하면서
인텔리전트한 이미지를 전한다.

➤ 클래식의 매력을 보여주는 네이비 수트

스마트하면서 카리스마 넘치는 네이비는 남성 패션에서도 중심이 된다. 특히 기품과 격조를 드러내는 네이비 수트는 품격 있는 포멀부터 스타일리시한 스마트 캐주얼까지 다양한 셋업 연출이 가능하다.

최근 10년 동안 수트의 스타일은 매우 다양해졌다. 심지가 없는 언컨스트럭션 봉제가 일반화되고 컬러·패턴·소재 등도 다양화되고 있다. 수트는 비즈니스에서만 입는다는 고정관념도 변화되어 휴일 등에 멋을 내고 즐기기 위한 수트도 많이 출시되고, 캐주얼 테이스트를 적용한 수트도 정착되었다. 이런 트렌드와 만난 네이비 수트는 수트의 원점으로 다시 주목받고 있다.

네이비 수트가 인기 없던 이탈리아 클라시코 남성복에서도 최근 수년 전부터 네이비에 대한 관심이 높아졌다. 네이비를 활용한 코디는 실패할 확률도 낮은 데다 이너와 슈즈의 코디에 따라 시크한 감각까지 표현할 수 있다. 네이비는 어떤 TPO에도 무리 없이 대응할 수 있는 컬러인 셈이다.

2

1 수트는 물론 셔츠, 타이까지 모든 아이템을 솔리드 디자인으로 통일한 스타일. 전체를 솔리드로 마무리하면 너무 무난할 수 있어 셔츠는 클레릭 모델로 변화를 주었다. 만나야 할 상대가 보수적이면 절제된 수트 스타일로 좋은 인상을 줄 수 있는 코디네이션이다.
2 대표적인 정장 슈즈인 스트레이트 팁 슈즈로 포멀한 차림을 마무리했다.

1

파인 울의 질감과 피트감 좋은
수트의 실루엣은 딱딱해 보이지
않으면서 흐트러짐 없이 보기
좋은 스타일을 만든다. 성실함,
안정감, 청량감이 느껴지는
동시에 의외성 있는 라이트
베이지 베스트를 코디해
감각적인 분위기가 전해진다.

NAVY PENCIL STRIPE SUIT

네이비 펜슬 스트라이프 수트

➤ 펜슬 스트라이프 수트, 청결함과 활력의 상징

펜슬 스트라이프 수트라고 하면 월 스트리트 은행가의 이미지가 강하며, 간혹 영화에서 본 갱들의 수트를 연상하는 사람들도 있다. 전통적인 수트의 패턴인 펜슬 스트라이프는 활력과 청결함을 연출할 수 있는 것이 특징이지만, 때로는 캐주얼하게 입을 수도 있다.

펜슬 스트라이프를 보편화시킨 건 금융업계 사람들이었다. 1800년대 전반, 톱햇top hat과 연미복이 런던에 유행하고 있을 때 팬츠의 스트라이프 패턴은 착용자가 근무하는 은행이 어디인지 표시하는 것이었다. 이 패턴은 영국에서는 엄격한 포멀웨어의 범주에 속했지만, 미국 사람들은 이 스트라이프를 포멀 느낌이 약한 투피스 네이비 수트나 컨트리 스타일의 브라운 스리피스 수트로 실용적으로 재해석했다. 영화 <위대한 개츠비>에서 레오나르도 디카프리오가 착용한 파스텔 느낌의 수트도 여기에 속한다.

그 후에 알 카포네라는 갱들이 이 스타일을 입으면서 펜슬 스트라이프는 무시무시한 시카고 항쟁 사건(성 밸런타인데이 학살)을 연상시키는 복장이 되었다. 그러나 수십 년 후 경제가 한창 발전하는 1980년대에 펜슬 스트라이프는 다시 금융계에 돌아왔다. 영화 <월 스트리트>의 고든 게코(마이클 더글라스), <아메리칸 사이코>의 패트릭 베이트먼(크리스찬 베일) 등 스크린 속 금융맨들은 누구나 펜슬 스트라이프 수트를 입고 있다.

펜슬 스트라이프는 파워풀하고 청량감이 있는 클래식 패턴이다. 최근 펜슬 스트라이프는 완전히 되살아났으며, 나아가 여성복에도 다양하게 활용되고 있다. 요즘에는 두께나 폭 등 변형된 여러 가지 스트라이프가 울 소재뿐 아니라 캐시미어 등 새로운 소재와 믹스되어 이전의 펜슬 스트라이프에 비해 캐주얼한 분위기를 느끼게 한다.

베이지 컬러 베스트와 네이비 스트라이프 수트 코디네이션. 네이비나 화이트 셔츠를 이너로 매치해 패턴과 패턴이 자연스럽게 어우러진다.

핀 스트라이프 블루 수트와
화이트 셔츠 스타일에
블루 넥타이와 투명 프레임
안경으로 쿨한 이미지를
연출했다. 슈즈와 벨트는
브라운으로 전형적인
아주로 에 마로네 스타일이다.

BLUE PIN STRIPE SUIT

블루 핀 스트라이프 수트

➤ 한 톤 밝은 블루 컬러 수트로 쿨비즈 스타일을 연출한다

비즈니스에서 중요시되는 시크한 분위기를 연출하려면 컬러로 통일감을 주는 것이 효과적이다. 옷차림 전체의 조화도 맞추기 쉽다. 특히 컬러의 통일은 V존 연출의 기본 중 기본이다. 책임자의 위치에 서면 그에 맞는 옷차림이 있기 마련이다. 그 첫 번째 포인트가 바로 컬러이며, 이때 가장 적합한 것은 중후한 느낌의 네이비나 그레이다. 그러나 한여름에는 다소 더워 보일 수 있으므로 한 톤 밝은 이미지의 블루 수트로 쿨비즈 스타일을 연출하는 것도 좋다.

비즈니스를 위한 차림에서는 블루 핀 스트라이프 수트에 셔츠와 타이만 톤온톤으로 변화를 줘도 쿨하고 세련된 이미지를 낼 수 있다. 수트 차림에서 가장 중요한 V존 연출을 위해 블루 수트에는 셔츠, 타이를 블루 계열로 마무리한 블루 그러데이션이 최상이다. 봄 여름에는 V존의 컬러 코디가 복잡하면 더워 보이므로 깔끔하고 심플하게 가는 편이 좋다.

1 누구의 눈에나 산뜻하게 보이는 단정한 옷차림. 타이는 플레인 노트로 깔끔하게 매듭을 짓는다. 작은 블루 체크 셔츠에는 네이비 솔리드 타이가 최적이다. **2** 전통적인 타이 패턴도 화이트 바탕을 사용하면 청량감이 든다. 셔츠는 심플하게 화이트를 선택했다. **3** 블루 스트라이프 수트에 스트라이프 셔츠의 믹스 앤 매치. 화이트 베이스의 그린 & 블루 리넨 타이로 시원한 분위기를 더했다.

남성의 정장 차림에서 시선이
가장 먼저 가는 곳이면서
세련된 인상을 느끼게 하는
결정적인 곳이 V존이다. 타이와
셔츠의 매치가 중요한 이유도
그 때문이다. 밝은 네이비 체크
수트와 스트라이프 셔츠에
동색 계열의 네이비 타이로
코디하면 청량감이 플러스된다.

NAVY CHECK SUIT

네이비 체크 수트

➤ 네이비 체크 수트는 비즈니스에서 가장 많이 입는 수트다

네이비 수트는 비즈니스에서 빠질 수 없는 필수 아이템이다. 비즈니스 제일 선에서 경쟁하는 남성들에게는 전투복이나 다름없을 만큼 남성을 상징하는 중요하면서도 기본이 되는 스타일이기도 하다. 네이비 수트의 매력은 변화무쌍한 표정을 지녔다는 점이다. 개성과 세련미 넘치는 패션업계 종사자부터 금융업계로 대표되는 보수적인 업계에서도 네이비 수트가 통용되는 것처럼 보편적이면서 개성 넘치는 스타일의 대명사가 네이비 수트인 셈이다. 글렌체크의 네이비 수트는 화이트 셔츠 등 무지를 입는 것이 원칙이지만, 스트라이프 셔츠로 코디하면 고감도의 V존이 연출된다.

1 런던 스트라이프 셔츠는 일반 셔츠와는 다르게 비즈니스와 캐주얼 룩에 두루 활용할 수 있다. 솔리드 타이를 매치하면 깔끔하고 정중한 이미지가 연출된다. 2 중후한 느낌이 너무 무겁게 느껴지지 않도록 옐로와 블루 도트가 믹스된 포켓치프와 귀여운 패턴의 부토니에로 악센트를 주었다. 3 슈즈는 온과 오프로 구분해야 하며, 비즈니스는 물론 경조사에서도 다양하게 신을 수 있는 블랙 스트레이트 팁이 실용적이다.

무채색이면서 다양한
컬러와 절묘하게
코디되는 점이 매력인
그레이 체크 수트에
브라운 타이, 포켓치프를
코디해 개성을 표현했다.

S/S SUIT STYLE

GREY GLEN CHECK SUIT

그레이 글렌체크 수트

➤ 관록이 있는 여름 신사를 위한 수트

네이비와 함께 비즈니스 수트의 대표적인 컬러인 그레이는 자칫하면 너무 무난하고 개성 없는 인상을 줄 위험이 있다. 특히 조직감이 없는 소재의 경우 더욱 평범해 보이고 비즈니스에 필요한 활력 있는 분위기를 연출하기에 부족함이 많다. 이럴 때는 그레이 컬러이면서 색다른 느낌을 주는 글렌체크 수트를 추천한다.

마치 영국의 젠틀맨 같은 중후한 느낌을 주는 그레이 글렌체크 수트는 밝고 가벼운 컬러임에도 불구하고 경박함이 전혀 느껴지지 않는다. 매력적인 비즈니스 수트라고 할 수 있다. 무엇보다도 봄에서 여름으로 넘어가는 계절에 적합하다. 멀리서 보면 그레이 솔리드 컬러로 보이기 때문에 가까운 거리와 먼 거리에서 각각 다른 분위기를 자아내기도 한다.

새롭고 다양한 매력을 지니면서 비즈니스에서도 위화감이 없기 때문에 실용성이 높다. 젊은 세대가 쉽게 흉내 내기 힘든, 진정한 여름 신사의 관록에 어울릴 만한 수트다.

1 미묘한 컬러의 조합이 돋보이는 글렌체크 패턴의 그레이 수트는 멀리서 보면 솔리드 컬러로 보이지만 가까이에서 보면 색의 조화가 느껴지는 매력이 있다.
2 타이 컬러에 맞춘 브라운 슈즈가 무겁지 않은 신사다운 멋을 보여준다.

GREY HOUND TOOTH SUIT

그레이 하운드투스 수트

▶ 스코틀랜드의 전통 패턴을 현대적으로 해석한 수트

그레이 컬러 중 짙은 것은 차콜, 여린 것은 미디엄 그레이라고 한다. 쿨비즈에 어울리는 그레이는 이보다도 더 밝은 라이트 그레이 컬러다. 그레이 수트를 쿨비즈 스타일로 잘 입기 위해서는 네이비 수트와 마찬가지로 V존을 시원한 소재와 컬러로 맞추는 것이 중요하다. 라이트 그레이를 바탕색으로 사용한 글렌체크나 스트라이프·하운드투스 등의 패턴 수트를 착용하는 경우 그 외의 아이템, 예를 들면 타이를 단순한 무늬나 솔리드로 선택하는 것이 최상이다. 패턴이 많이 중복되면 더워 보일 수 있기 때문이다.

1 리넨 소재의 하운드투스 수트는 약간 멀리서 보면 그레이 솔리드로 보인다. 스트라이프 타이와 코디하면 안정감 있는 기본 코디가 된다.
2 슈즈는 여름에만 즐길 수 있는 화이트 컬러가 포인트인 풀 브로그 윙팁 스타일을 매치했다.
3 시크하고 소탈한 느낌의 체크 타이를 코디했다. 체크의 컬러 강약으로 산뜻하면서 중후한 느낌이며, 가슴 포켓 부분의 화이트 리넨 포켓치프가 가볍고 산뜻함을 강조했다.
4 타이와 슈즈를 동일한 컬러를 사용해 통일감을 주면서 컬러 수를 억제해서 심플하게 연출했다.
5 화이트 셔츠와 네이비 타이를 매치해 가장 효과적으로 강약 콘트라스트를 보여준다. 브라운 슈즈와 벨트로 통일감 있게 표현했다.

BROWN SUIT

브라운 수트

1 리넨 느낌의 베이지 베스트를 코디하면
산뜻한 분위기를 연출할 수 있다. 무더운 여름에
엘리건트한 느낌이다.   2 전체적인 복장에서
슈즈는 보조 아이템으로 보이지만 제대로 된
슈즈가 없으면 세련미를 완성하기 어렵다. 트렌드를
염두에 두고 슈즈를 선택한다면 브라운 메시
클래식 스타일 슈즈를 신는다.

3

4

► 편안함이 느껴지는 울 리넨 믹스 소재의 브라운 수트

네이비, 그레이 등 기본 컬러의 수트 이외에 새로운 컬러를 입어 보겠다고 생각한다면 울과 리넨 믹스 소재의 브라운 수트를 추천한다. 브라운 컬러의 수트는 입기 어렵다고 느낄 수도 있겠지만, 화이트나 블루 셔츠, 그레이와 데님 팬츠 등과 함께 입으면 네이비나 그레이처럼 쉽게 코디할 수 있다.

울 리넨 믹스 소재는 시원한 느낌이 들고 무더운 여름에도 쾌적하다. 또한 독특한 주름 느낌과 차분한 컬러가 편안함을 느끼게 해 휴일에 입어도 잘 어울린다. 브라운 계열의 수트 한 벌만으로도 옷 입는 폭이 훨씬 넓어진다.

베스트를 재킷의 이너 또는 티셔츠나 셔츠 위에 걸쳐 입는 것만으로도 심플한 코디네이트가 한 단계 업그레이드된다. 사진에서는 화이트 베이지 베스트와 브라운 팬츠로 그러데이션을 연출했다. 여기에 화이트 셔츠를 매치해 깨끗한 요소를 강조하면 느슨함 없는 산뜻한 스타일이 완성된다.

3 브라운과 베이지는 세련된 컬러지만 코디의 어려움 때문에 쉽게 입지 않게 된다. 브라운과 동일 계열의 라이트 베이지 베스트를 선택하면 어렵지 않게 코디할 수 있다. 화이트 셔츠에 콘트라스트 컬러의 네이비 타이를 코디하면 산뜻한 느낌이 더해진다.
4 짙은 블루의 세로 스트라이프 리넨 팬츠는 혹서기에도 착용감이 쾌적하며 블루와 화이트 조합은 산뜻함을 더해 준다.

↓

드레스 업 vs 드레스 다운
: 한 벌의 수트를 유연성 있게 입는 노하우

➤ 네이비 수트

A. DRESS UP 얼핏 보면 무늬가 없는 네이비로 보이지만 톤온톤의 블루 글렌체크 수트로 거래처의 이벤트, 업계의 축하 파티 등 비즈니스를 의식하되 센스와 화사한 이미지를 보여야 할 때 입기 적합한 의상이다. 패턴 온 패턴은 코디의 난도가 높다고 생각하기 쉽지만 컬러 수를 제한하면 품위 있게 마무리할 수 있다. 어느 정도 격식 있는 장소에서 어필하고 싶을 때 입으면 좋다.

B. DRESS DOWN 네이비 글렌체크 수트 안에 약간 캐주얼 느낌의 릴랙스한 셔츠를 타이 없이 입으면 드레스 다운 스타일이 된다. 데님 느낌의 중간 톤 블루 리넨 셔츠로 코디한 V존은 목 부분이 무언가 모자란 듯한 느낌이지만 격식 없이 접은 포켓치프와 귀여운 앵무새 장식으로 일정 부분 품위가 유지된다. 휴일 길거리 순회 혹은 일과 후 아내나 친구 등과 재즈바 등에 갈 때 맞는 차림이다.

귀여운 느낌의 앵무새 부토니에처럼 작은 아이템 하나로 센스가 업그레이드 된다. 격식 있는 자리는 물론이고, 가벼운 파티 등에서 활용하면 멋있는 수트 룩을 완성할 수 있다.

➡ 그레이 수트

A. DRESS UP 그레이는 고급스럽고 지적으로 보이는 컬러지만, 중간 톤 정도의 그레이를 활용하면 젊고 활동적인 느낌을 줄 수 있다. 그레이 바탕에 은은한 네이비 펜스 체크를 배열한 수트에 네이비 계열 타이를 매면 부드러운 인상을 준다. 회의에서 은은하게 존재감을 나타내고 싶거나 좋은 첫인상을 남기고 싶을 때 최상이다. 그레이 수트에는 끈이 달린 스트레이트 팁 슈즈가 가장 잘 어울리며 중요 미팅이나 예식 등 격식을 차려야 하는 자리에서 주로 신는다.

B. DRESS DOWN 그레이 네이비 펜스 체크 수트에 블루 체크 셔츠를 패턴 온 패턴으로 코디해 중후하면서도 밝고 산뜻한 느낌이 넘쳐난다. 얇은 조직감이 느껴지는 소재의 셔츠와 비슷한 재질의 리넨 포켓치프로 청량감을 더한다. 가볍고 활동적으로 보이면서도 중요한 리셉션 등에 어울리는 기품을 충분히 갖춘 옷차림이다.

신사 슈즈의 대표 격인 스트레이트 팁 슈즈. 특히 블랙 컬러는 포멀한 자리에 두루 어울리며 범용성이 우수하다. 격식을 차려야 하는 다양한 상황에서 적절히 착용할 수 있다.

S/S OUTER

환절기 변덕스러운 날씨에 대응하고, 여름철 실내외 온도 차를
극복할 수 있는 아우터는 남성의 센스를 보여준다.
도심에서도 휴가지에서도 환영받는 아우터 스타일링.

NYLON BLOUSON

나일론 블루종

► **활동성이 강조될수록 베이식 디자인을 선택**

바람막이 용도의 가벼운 나일론 소재 블루종은 주말이나 야외 활동에 잘 어울리는 캐주얼 스타일의 필수 아이템이다. 패턴이 많이 들어가거나 지나치게 튀는 컬러를 고르면 품위가 없어 보일 수 있으므로 최대한 심플하면서도 정제된 컬러의 블루종을 추천한다. 또한 블루종을 입을 때 캐주얼한 느낌을 필요 이상으로 강조하다 보면 신사로서의 품격이 전혀 느껴지지 않는다. 활동성과 품위가 적절한 조화를 이루도록 베이식한 컬러와 디자인을 선택한다.

1 심플한 디자인의 나일론 블루종 점퍼를 레드 컬러로 선택하면 액티브한 느낌을 줄 수 있다. 대신 이너와 팬츠 등은 최대한 심플하게 입는다. 신발도 팬츠와 같은 블랙 계열로 통일했다.
2 네이비 점퍼와 네이비 톤의 짙은 컬러 팬츠를 매치했다. 블루종 네크라인의 화이트 스트라이프와 동일한 컬러의 화이트 니트 티셔츠를 입었다. 네이비 점퍼 안에 화이트 컬러 이너를 입으면 피부 톤도 더 밝아 보여 깨끗하고 청량한 느낌을 준다. 이너는 심플한 것이 좋으며 코디가 전체적으로 심플하므로 위빙 디테일의 가죽 벨트로 포인트를 주었다.

FIELD JACKET

필드 재킷

➤ **패션 아이템을 매치해 스타일리시하게 연출**

필드 재킷은 언뜻 보면 오프 스타일에서 가장 편하게 입을 수 있는 아이템이지만 잘못 코디하면 격이 너무 떨어져 보일 수 있다. 최대한 편안하게 입되, 한두 가지의 패션 아이템을 추가하면 필드에서도 베스트 드레서가 될 수 있다. 가벼운 소재의 밝은 컬러 여름 머플러와 함께 연출하면 패션 센스도 업그레이드되고, 여기에 선글라스를 재킷 컬러에 맞추면 시크한 이미지를 줄 수 있다. 컬러를 조합할 때는 전체적으로 비슷한 계열을 선택하되 머플러 혹은 벨트 등으로 포인트를 주면 세련미가 배가된다.

1 네이비 필드 재킷, 블루 셔츠, 블루 팬츠 등 전체적인 컬러를 통일해 도회적인 스타일을 연출했다. 라이트 블루 컬러의 머플러를 추가하면 패션 센스가 더욱 상승한다.
2 베이지 컬러의 필드 재킷을 카키 티셔츠, 화이트 팬츠와 매치했다. 선글라스 렌즈 색상을 티셔츠와 같은 카키로 통일하고 블루 스트라이프 머플러로 포인트를 주었다.

SPRING COAT

스프링 코트

1 셔츠와 타이 매치는 포멀하지만 레드 포인트 라운드 니트가 캐주얼한 느낌을 강조한다.
2 팬츠와 슈즈의 톤온톤 매치로 안정감을 주고, 로퍼 스타일의 슈즈가 캐주얼한 감성을 표현했다.
3 짙은 네이비 코트와 그레이 팬츠의 모노톤이 자아내는 차분함 속에 레드 니트로 콘트라스트를 주었다. 레드를 포인트로 활용하면 모던한 스타일링이 가능하다.

► 캐주얼의 매력을 품격 있게 소화한 코트

최근 캐주얼 코트를 방한용으로 따로 걸치는 것이 아니라 상의 대신 입는 경향이 강해지고 있다. 짧은 코트의 경우 특히 두드러지며, 젊은 층에는 간편한 아우터의 하나로 인식되어 캐주얼웨어로 입는 것이 보편화되었다. 캐주얼 코트라고 옷 입는 방법이 특별히 정해진 것은 아니므로, 대부분 재킷을 입을 때와 같은 방법으로 입으면 좋은 결과를 얻을 수 있다.
온·오프를 불문하고 가장 중요한 것은 어른으로서의 품위를 지킨 차림새다. 편안한 복장이라도 컬러만큼은 네이비나 그레이로 통일한다. 머플러 등을 걸친다면 캐주얼 차림일 때는 두꺼운 울이나 캐시미어로 하고 정장 차림에 가까운 경우 얇은 실크가 바람직하다. 캐주얼한 매력을 충분히 살리되 신사의 품격을 잃어서는 안 될 것이다.

가벼운 베이지 컬러의 스프링
코트를 모던하게 연출했다.
이 차림의 포인트는 바로 골드
컬러 베스트다. 스프링 코트를
오픈해 자유분방함을 어필했다.
스펀지 솔과 스트링으로
스니커즈의 감각을 더한 스웨이드
신발이 데님 팬츠와 어우러져
릴랙스한 느낌이다.

1　**2**

RESORT WEAR

리조트 웨어

► 편안함과 고급스러움의 조화

리조트 웨어는 수트처럼 명확한 룰이 없기 때문에 오히려 더 어렵게 생각되기도 한다. 더구나 휴가라고 해서 너무 편안한 스타일로 입으면 시니어가 갖춰야 할 품위가 없어 보인다. 리조트 웨어의 기본은 릴랙스한 느낌이 들면서 동시에 어딘가 고급스러운 인상을 주는 복장이다.

심플하면서 퀄리티 좋은 아이템으로 맞춰 입으면 어렵지 않다. 예를 들면 폴로셔츠는 필수 아이템으로 화이트, 네이비를 기본으로 생각해서 입으면 해변부터 고급 리조트 레스토랑까지 잘 어울린다. 폴로셔츠는 리조트의 만능아이템이라고 할 수 있다.

1 네이비 클럽 재킷과 블루 셔츠의 시크한 코디에 화이트 치노 팬츠가 여유로움을 더한다. 릴랙스한 느낌이 강해 리조트의 디너 타임에 적합하다. 여유 있고 편안한 다크 브라운 슬립온을 신는다.
2 리조트에서는 파스텔 톤이 잘 어울린다. 그레이 재킷과 핑크 팬츠, 화이트 피케 티셔츠가 경쾌하다. **3** 블루종과 팬츠가 모두 면 소재일 경우 산뜻함과 품격을 잃지 않도록 화이트와 블루를 코디하는 것이 좋다. 퀄리티 좋은 소재의 티셔츠가 전체적인 스타일링을 고급스럽게 마무리한다.

3

COLOR STYLING

세련된 컬러 스타일링의 노하우

A. **모노톤 톤앤톤** MONOTONE TONE & TONE

블랙을 입으면 눈에 잘 띄지 않고 무난하다고 하는 사람들이 많다. 특히 컬러 사용을 쉽게 생각하는 사람일수록 블랙 컬러를 입으면 날씬해 보인다고 생각한다. 확실히 블랙은 물체를 축소시켜 보이게 하므로 그런 경향도 있고 또 범용성이 크다.

그러나 젊은 사람들은 올 블랙으로 입어도 되지만, 중년의 남성에게는 지나친 패션성이 느껴져 어울리지 않는다. 이때 필요한 것이 바로 그레이 컬러의 아이템이다. 로맨스 그레이를 상징하는 것처럼 그레이 컬러

D

는 경험이 많은 중년에게 잘 맞는 컬러다. 스포티한 블랙이나 블루 아이템에 그레이 팬츠를 맞춰 입는 것만으로도 세련되게 마무리된다.

너무 무난해 보일 수 있는 모노톤 스타일에는 패턴이 들어간 이너를 효과적으로 이용하는 것이 좋다. 이때 가장 적합한 것은 체크 셔츠다. 그러나 밝고 산뜻한 컬러는 가급적 피한다. 화이트와 블랙의 극단적인 컬러 코디도 시니어의 중후한 분위기를 해칠 수 있으니 피하는 것이 좋다.

B. 파스텔 톤 톤앤톤 PASTEL TONE TONE & TONE

파스텔 컬러는 여성에게 인기가 있지만 중년 남성이 파스텔 톤 스웨터에 파스텔 톤 팬츠 등을 잘 코디하기란 어려운 일이다. 파스텔 컬러 사용은 남성들에게 난해하게 느껴지나, 셔츠 등에 포인트를 주면 의외로 세련돼 보인다.

우아한 뉘앙스를 원한다면 다른 아이템은 베이지, 화이트로 마무리해 보자. 이를 통해 좋은 인상을 줄 수 있다. 짙은 컬러와 코디하면 파스텔 느낌이 갖는 화사한 분위기를 해칠 수 있지만, 옷을 잘 입는 베테랑이라면 재킷이나 코튼 팬츠 등과 매치해도 좋다. 단, 짙은 컬러는 한 가지 컬러 아이템에 제한해야 한다. 전신은 부드러운 톤으로 하고, 파스텔 컬러만 사용한다면 엘리건트한 분위기가 난다.

C. 비비드 톤 콘트라스트 VIVID TONE CONTRAST

비비드 컬러 아이템은 남성들이 어려워하는 경향이 있다. 하지만 스웨터나 폴로셔츠 등을 비비드 컬러로 선택하면 예상외로 쉽게 코디네이션 할 수 있다. 레드·블루·옐로 같은 선명한 컬러를 입으면 전체적인 무드에 생동감이 느껴지고 인상에도 활력을 준다. 주로 상의 아이템에 비비드 컬러를 선택하는데 이때 하의는 안정감을 주는 모노톤이나 데님을 매치하면 세련된 인상을 줄 수 있다. 비비드 컬러로 포인트를 주었다면 액세서리 활용에 조금 더 세심할 필요가 있다.

D. 그러데이션 톤 GRADATION TONE

컬러 톤을 통일한 옷차림은 그 자체로 세련돼 보이기 때문에 바로 시도해 볼 것을 권한다. 가장 쉬운 단계는 남성의 기본색인 블루 그러데이션이다.

주의할 점은 소재감에 약간의 차이를 두는 것이다. 예를 들면 리넨 재킷에 데님 등 소재 느낌이 다르게 변화를 주는 것으로 옷차림에 깊이가 생긴다. 실크 스카프나 벨트 등 액세서리를 잘 코디해도 효과적이다.

캐주얼 셔츠 스타일링에 대한 관심이 높아지고 있다.
남성 패션의 기본 아이템인 셔츠에 대한 이해를 바탕으로 캐주얼 셔츠를 입는다면
정중함 속에서도 감각이 느껴지는 스타일을 즐길 수 있다.

레드와 네이비
콘트라스트 스트라이프
패턴의 캐주얼 셔츠. 셔츠
전체가 화려하여 시선을
끌지만, 원단이 워싱
가공되어 있어 소프트한
세련미가 느껴진다.

S/S SHIRTS STYLE

—

CASUAL SHIRTS

캐주얼 셔츠

━ 셔츠의 의미와 유래

셔츠는 원래 속옷이었다. 숙녀 앞에서 상의를 벗고 셔츠만 입고 있는 것은 허용되지 않았으며, 그런 남성은 인품을 의심받거나 신사답지 못한 사람으로 취급받았다. 요즘도 속옷만 입고 대로를 걷는다면 사회 통념에 따른 제재를 받게 된다. 옛 시대가 지금보다 엄격했던 점을 감안하면 과거의 남성들이 셔츠만 입고 있는 데 상당한 거부감을 지녔던 것도 이해가 간다.

남성 패션의 발원지는 영국이라고 한다. 영국인들이 만든 전통과 룰이 세계적으로 통용되게 되었다. 셔츠는 영국 신사들이 입기 시작한 후에 세계 각국에 퍼져 나갔고, 그 후 그 나라의 문화와 결합된 형태로 변화해 갔다. 셔츠에 포켓이 달리게 된 것은 영국인들이 미국에 건너갔을 때부터라고 추정된다. 그 당시에도 셔츠는 속옷으로 인식되었기에 셔츠 위에 반드시 재킷을 입었다.

재킷에 포켓이 있기 때문에 셔츠에는 포켓이 필요 없었지만, 실용성과 합리성을 중시하는 미국인들이 셔츠만 입고 지내면서 셔츠에 포켓을 달게 되었다. 실용성을 중시한 디자인도 좋지만 셔츠가 원래 속옷이었다는 사실을 알고, 셔츠를 입을 때 재킷을 챙기며 자신만의 스타일을 형성하는 것이 좋겠다.

1 화이트 셔츠는 드레스 셔츠에서 캐주얼 셔츠에 이르기까지 다양한 스타일의 기본이 된다. 계절에 구애 받지 않는 베이식 아이템이지만 특히 S/S 시즌 코디에 최적이다. 드레시한 분위기와 청량감을 연출할 수 있어 다양한 상황과 신scene에 자연스럽게 어울린다. 깨끗하게 손질된 화이트 셔츠는 단정하고 세련된 인상을 준다.

2 화이트 셔츠와 데님 팬츠의 캐주얼 차림에 브라운 글렌체크 재킷을 입어 세련된 인상을 준다. 블랙 벨트와 슈즈가 젠틀한 오프 스타일 룩을 연출했다.

버튼다운 셔츠를 캐주얼하게 입을
때는 길이가 약간 짧고 루스한 핏을
고르고, 적당히 다린 후 아랫단을
바지에 넣지 않은 채 입는 것이
좋다. 버튼다운 셔츠에 타이를
맬 때는 길이가 약간 길고 슬림한
사이즈를 고르고 제대로 다림질을
한 후 입어야 산뜻한 느낌이
든다. 버튼다운 셔츠는 캐주얼한
스타일에 두루 어울리지만,
경조사에는 입지 않도록 한다.

BUTTON-DOWN SHIRTS

버튼다운 셔츠

➤ 아메리칸 트렌드의 필수, 활용도가 높은 셔츠

버튼다운 셔츠는 폴로 경기를 할 때 펄럭이지 않도록 칼라에 버튼을 단 것이 그 기원이라고 전해진다. 아이비 룩의 대표적 아이템으로 아메리칸 트렌드에는 빠질 수 없는 아이템이다.

다양한 TPO에 입을 수 있는 화이트 컬러의 버튼다운 셔츠는 청결감 넘치는 차림을 연출한다. 모든 셔츠의 기본이라고 할 수 있는 화이트 셔츠는 소재는 물론 제대로 된 봉제가 포인트다. 양질의 면을 사용한 브로드 조직, 수작업을 많이 한 봉제, 셀 버튼 등 세심하게 만들어진 셔츠는 포멀한 스타일부터 캐주얼까지 잘 어울린다.

화이트 버튼다운 셔츠는 누구나 가지고 있는 아이템으로 캐주얼 셔츠의 기본 중 기본이라고 할 수 있다. 심플하지만 맞춰 입는 아이템에 따라 멋있게도 보이고 평범하게 보일 수도 있다. 아메리칸 트레디셔널을 중심으로 생각하고 코디하면 돋보인다. 체크 재킷이나 블레이저 등은 기본적으로 잘 어울리지만, 너무 올드한 패션이 되지 않도록 소매를 살짝 걷어 올린다든가 해서 새로운 뉘앙스가 나타나도록 연출한다.

1 폭 5mm 정도의 라인이 균등하게 배열된 스트라이프를 런던 스트라이프라고 부른다. 스트라이프 셔츠의 대표 아이템으로 다양한 코디네이션이 가능하다. 블루 스트라이프와 자연스럽게 연결되는 데님 팬츠, 그린 재킷과 브라운 포인트의 메시 벨트가 세련된 캐주얼 스타일을 완성한다.　**2** 런던 스트라이프 셔츠에 네이비 재킷이 더해지면 좀 더 포멀해진다. 브라운 팬츠가 안정감을 주어 캐주얼하면서 격을 잃지 않은 스타일이 완성됐다.

3

1

2

3 드레스 셔츠 방식으로 제작되어 데님 셔츠지만 드레시한 분위기가 느껴진다. 셔츠만 단독으로 입어도 좋고, 수트나 재킷의 이너로 활용해도 멋스럽다. 카키 치노 팬츠와 카멜 로퍼 매치가 세련된 캐주얼 감성을 드러낸다.

나에게
어울리는 옷을
선택하는 방법

가격에 유혹당하거나 의존하지 말자

"옷은 싼지 비싼지 가격만 보고 선택하면 안 된다"고 말하면 대부분 "가격이 어떻게 중요하지 않은가?"라고 반문한다. 실제로 '가격이 마음에 드니까 이것으로 할까'라든가 '가격이 비싸니까 틀림없이 좋은 옷일 거야'라고 생각하고 단순히 가격으로 옷의 좋고 나쁨을 판단하는 사람들이 많다. 그러나 '비싸다', '싸다'라는 가격 기준으로 옷을 고르면 옷의 본질을 잘못 볼 위험이 있고, 거기에 연연하다 보면 아무리 시간이 지나도 안목이 생기지 않는다.

옷을 선택하는 기준은 가격이 아니라 어디까지나 '자기 자신이 어느 정도 만족하느냐'여야 한다. 상품을 고르는 기준과 중심을 확실히 지녀야 한다. 그러기 위해서는 여러 가지 옷을 보고 자기 나름대로 정보를 정리해 둘 필요가 있다.

'나에게 어떤 디자인과 컬러가 어울리고, 품질은 어떤 레벨이어야 하며, 내 체형에는 맞는지' 등 자신에 대한 정보를 정리하자. 그것을 기준이자 중심으로 삼으면 '나 자신의 스타일에 맞는 옷차림'을 위한 아이템을 고를 수 있게 된다. 자기 자신의 정보가 정리되지 않은 채로 '이것은 비싸기 때문에 좋을 거야', '인기 있는 브랜드를 샀으니까 분명 멋있어질 거야'라는 식으로 옷을 구매한다면 나중에 "이건 아닌데!"라고 후회하게 될지 모른다. 불필요한 것을 사지 않기 위해서라도 가격만으로 상품의 좋고 나쁨을 판단해서는 안 된다.

옷은 가격이 아니라 자신에게 잘 맞는지, 자신이 어떻게 느끼고 받아들이는지가 가장 중요하다. 만약 그래도 판단이 서지 않을 때는 가격이 더 비싸더라도 좀 더 좋은 쪽을 고르면 된다. 여담이지만, 판매하는 쪽은 시장에서 판매하려는 가격대를 먼저 결정한다. 예를 들어 10만 원에 셔츠를 판매하고 싶다면 그 가격에 맞게 원단이나 봉제 등을 검토한다. 높은 수준의 기술을 갖춘 공장에서 봉제했어도 제품이 좋지 않게 나오면 완성도가 높다고 말할 수 없고, 비싼 원단을 사용하더라도 기술 수준이 낮은 공장에서 봉제한다면 비싸 보이지 않는다. 특히 봉제 수준에 따라 퀄리티 차이가 나는 셔츠의 경우, 원단의 품질과 봉제 기술 중 어느 쪽을 더 중시하여 고르는가가 선택의 기준이 된다.

　사람들 앞에 나서는 일이 많다면 원단을 우선
정하고, 책상에 앉아있는 일이 많기 때문에 편안
함을 중시한다면 봉제가 우선이라는 식의 기준
을 가지면 선택이 쉬워진다. 또한 가격에는 셔츠
의 보이지 않는 부분, 예컨대 겉에서는 보이지 않
는 심지나 안감 등 셔츠를 만들기 위한 부속품
의 품질도 반영되어 있다는 점을 기억해야 한다.

　이처럼 옷을 알면 아는 만큼 가격으로 판단
하는 것이 얼마나 의미가 없는지 이해할 수 있다.
또한 정말 퀄리티 좋은 상품을 극단적으로 싸게
파는 일은 유감스럽게도 거의 없다고 보면 된다.

어울리지 않는 옷과의 작별이 먼저다

옛날에는 품질이 좋은 옷이나 고급스러워 보이
는 옷을 입으면 "좋은 옷을 입고 있네요"라는 말
을 듣고는 했다. 지금처럼 옷에 대한 가치관이 다
양하지 않았고 유명한 점포의 옷들이 신분을 나
타내는 시대였다. 그런 옷을 입고 있는 자체만으
로도 멋있다는 이야기를 들었기 때문에 디자인
이나 코디네이션 등에 대해 고민할 필요가 없었
다. 지금은 온갖 옷들이 넘쳐나고 자신의 스타일
에 맞춰 자유롭게 고르는 시대가 되었다. 패션에
대한 정보가 넘치기 때문에 가격대별로 품질 수
준 등이 거의 평준화되어 옷을 입는 것이 용이하
다. 그리하여 옷을 통해서 자신이 어떤 사람인지

를 보여주는 사람들이 늘어나고 있다.

　그러나 자기 자신에 대한 고민 없이 쉽게 얻은
정보와 테크닉에 근거해 '좋다', '싫다', '어울린
다', '어울리지 않는다'를 판단하다 보면 아무리
시간이 흘러도 멋있어질 수 없다. 정보의 중요성
은 이미 언급했지만 그것은 기본적인 부분이고
자기표현을 위한 첫걸음에 지나지 않는다.

　유행하기 때문에 입는다거나 매장에서 봤을
때 좋다고 생각해 사서 입는다는 사람도 있는데,
이 역시 지나치게 단순한 생각이다.

　자신의 스타일과 메시지를 주변에 보이고 싶
다면 자기 나름대로 정보를 정리하는 것이 우선
되어야 한다. 누구에게 무엇을 위해서 메시지를
보여줄 것인가 생각하고, 옷을 고르고, 코디하
는 것이 순서다. '나는 이런 스타일을 입는다', '나
는 이런 이유 때문에 이 옷을 골랐다'고 복장을
통해서 자신을 표현하는 일에 익숙해져야 한다.

　중요한 것은 자신과 옷의 관계를 냉정히 생각
해 보는 것이다. 이런 생각을 진지하게 하다 보면
자신에게 어울리지 않는 옷들을 고를 일이 없다.

많은 옷을 갖기보다는 정말 자신에게 의미가 있는 복장을 갖추는 것이 중요하다. 최신 유행의 아이템을 몸에 지니는 것만으로는 진정한 '멋'을 이끌어낼 수 없다.

나만의 스타일을 찾아라

필자는 국내에서든 해외에서든 무엇인가를 찾기 위해서 외출하지 않는다. 필자의 취향과 스타일을 알기 때문에 필요할 때만 원하는 스타일의 옷들을 취급하는 곳에 들르거나, 원하는 것이 없을 때는 비슷한 느낌의 것들을 취급하는 곳으로 간다. 소위 충동구매가 거의 없는 편이다. 예를 들면 넥타이 하나라도 갖고 있는 옷들과 조화가 맞는지, 필자의 스타일과 전체적으로 잘 매치되는지 등 두세 번 정도 검토한다.

이렇게 생각해 보는 시간이 결과적으로 코디네이션을 업그레이드해 준다. 만약 나만의 스타일이 무엇인지 확실히 정리되지 않으면 자신의 취향이나 취미를 참고해 본다. 이것은 옷차림에서 자신의 스타일을 알아가기 위해 중요한 단계다. 취향을 잘 모를 때는 자신이 좋아하는 것을 생각해 본다. SNS, 잡지, 영화 등 무엇이든 상관없다. 평소 자신이 좋아하는 유명 인사들의 옷차림이 마음에 든다면 그것을 참고하는 것도 방법이다. 구체적으로 살펴볼 수 있는 사진 등을 찾아내는 작업을 해야 한다.

시즌이 바뀌면 패션 관련 잡지 등에는 반드시 해당 시즌의 트렌드 등이 특집으로 게재된다. 자신의 스타일과는 달라 보여도 컬러나 소재, 아이템 등의 정보를 머릿속에 담아두는 것이 중요하다. 물론 자신과 전혀 다른 스타일이나 트렌드를 염두에 둘 필요는 없다. 예를 들면 아메리칸 클래식 스타일을 좋아하는데 이탈리아 컨템퍼러리 스타일의 아이템을 군이 사서 구비할 이유는 없는 것이다. 유행하는 스타일이 있다고 그때마다 전혀 다른 스타일을 왔다 갔다 해서는 자신의 스타일을 완성할 수 없다.

필자는 마음에 드는 옷을 10년 넘게 계속 입기도 한다. 중요한 것은 갖고 있는 옷이 오래돼 보이지 않도록 관리하는 것이다. 트렌드는 어느 날 갑자기 생겨나는 것이 아니다. 지난 흐름 속에서 파생되거나 진화하여 만들어지는 것이다. 그렇기 때문에 자신의 워드로브와 트렌드 사이에는 반드시 무언가 비슷한, 공통된 느낌이 있기 마련이다. 예를 들어 그린이 트렌드 컬러라면(물론 자신에게 그린이 잘 맞고, 또한 입고 싶다는 기분이 든다는 전제하에) 갖고 있는 옷 중에서 그린 컬러에 어울릴 아이템을 찾아본다. 그렇게 하다 보면 이런 소재에 이런 느낌의 그린이라면 잘 어울리겠다는 등의 확신을 할 수 있게 된다. 이런 확신이 자신감으로 연결되고, 이렇게 잘 코디해서 입는 습관이 생김에 따라 자신의 스타일이 형성되어 간다.

내 체형에 맞는 옷을 고르는 요령

옷의 컬러나 소재, 아이템 등의 트렌드 변화는 이해하기 쉽지만, 핏이나 사이즈 변화에 대해서는 감각이 없는 사람들이 많은 것 같다. 10년 전과 비교해 보면 지금의 옷들은 어깨 폭이나 길이, 소매 폭 등이 많이 슬림해졌다. 예전 감각으로 옷을 고르면 한두 사이즈 정도 큰 옷을 선택하게 되고, 결국 버리게 될지 모른다.

최소한의 필요한 정도의 여유만 감안하고, 몸과 옷 사이에는 얇은 속옷 두께 정도의 간격만 두는 것이 이상적이다. 자신의 체형적 특징이나 나이 듦에 따라 변하는 몸의 상태도 잊지 말아야 한다. 자기 체형의 약점은 무엇인가? 약점을 어떻게 커버할 것인가? 이러한 것들을 파악하고 나서 옷을 골라야 한다. 재킷을 골라 입을 때 재킷의 사이즈가 잘 맞는 것도 물론 중요하지만, 바지를 입고 구두를 신은 후 전신의 밸런스가 어떻게 보이는지를 체크하는 것 또한 굉장히 중요하다.

피팅을 할 때 중요한 것은 실제로 움직일 때 느껴지는 여유감이다. 특히 많이 움직이게 되는 허리와 어깨 주변을 유의해서 확인해야 한다. 재킷의 단추를 잠갔을 때 옆주름이 생기는 것, 그리고 팔의 움직임이 불편한 것, 이 2가지를 신중하게 체크한다. 아무리 마음에 드는 옷이라고 해도 바로 사지 말고 시간을 두고 생각해 본다. 피팅은 옷차림에서 가장 중요한 요소다.

재킷을 고를 때 중요한 포인트는 어깨 폭, 몸통 폭, 소매 길이, 허리 등이다. 어깨 폭과 암홀이 너무 커 보이면 몸가짐이 단정해 보이지 않는다. 단순한 사이즈 문제가 아니라 주변 사람들에게 둔하고 무신경한 사람으로 보일 수 있다.

몸통 폭은 반드시 넥타이를 매고 단추를 채운 뒤 입을지 말지를 체크해야 한다. 요즘에는 슬림한 실루엣이 주류이기 때문에 그만큼 사이 허용 범위가 좁다고 할 수 있다. 넥타이 한 장의 두께라고 가볍게 볼 수도 있지만, 대충 넘어가서는 안 된다. 소매 길이는 셔츠가 1~1.5cm 보이는 정도를 기준으로 하면 된다.

바지도 요즘 슬림해 보이는 것이 트렌드라고는 하나 꽉 끼게 입어서는 안 된다. 날씬해 보이고 싶은 기분은 이해하지만, 허리에 1.5cm 정도의 여유가 있는 것이 좋다. 이 정도의 여유가 없으면 원단에 부담이 가고, 봉제된 실이 끊어지기도 하며, 옷의 수명도 짧아진다. 허벅지에서 바지 자락 라인의 통은 취향에 따라 다르지만, 무릎을 구부렸을 때 무리가 가지 않고 몸을 살짝 감는 정도의 실루엣이 이상적이다.

바지의 길이는 드레시한 스타일의 경우 바지 자락이 구두 등에 닿을락 말락 한 정도가 기준이다. 캐주얼 스타일은 약간 짧게 입는 것이 좋다. 길이가 너무 길면 전체의 인상이 무겁게 느껴지고 경쾌한 느낌을 잃게 된다. ●

'자신이 어떻게 보이느냐' 를 객관적으로
관리할 수 있는가 없는가가 요즘 들어 점점 더
중요해지고 있다. 언뜻 사소해 보이는 패션의 디테일한
부분들은 이러한 이미지 관리에 큰 영향을 미친다.

3

비즈니스맨의 스타일을
살리는 디테일

PART 3 ACCESSORY & COMMENT

ACCESSORY

디테일이 명품을 만들 듯 스타일링의 승부처는 액세서리다.
결점을 보완하고 장점을 부각시키는 액세서리 연출이야말로
스타일의 멋과 격을 보여주는 기준점이다.

NECKTIE

넥타이

► 과감한 컬러와 패턴, 소재를 즐긴다

넥타이는 남성의 복장에서 보이는 면적이 가장 작은 부분이면서도 가장 강한 메시지를 주는 아이템이다. 동시에 자신을 나타내는 중요한 아이템이기 때문에 특히 더 신중하게 골라야 한다. 기본적으로 넥타이는 재킷의 컬러와 소재에 맞춰 선택하는데, 오랫동안 넥타이는 실크 소재가 기본이었다. 최근에는 그 흐름이 점차 바뀌어 새로운 소재와 컬러 배합의 타이들이 선보이고 있다. 지금까지는 소유하지 않았던 컬러나 디자인을 선택해 보고, 약간 앞선 스타일을 시도해 보자. 오랫동안 갖고 있던 재킷도 새로운 느낌으로 코디할 수 있을 것이다. F/W 시즌에 권하고 싶은 것은 두께감이 있는 울 소재다. 실이 굵고 디자인의 크기가 클수록 캐주얼한 느낌이 든다.

울 소재 타이는 색소니, 플란넬, 트위드 등 기모감이 있는 재킷이나 수트에 적합하다. 도트, 페이즐리 등 아스코트 타이는 부드러운 느낌의 패턴이 무난하다. 캐주얼 느낌이 있는 울 소재는 재킷 스타일에 어울린다.

▶ 재킷 소재에 따라 선택하면 실패가 없다

S/S 시즌의 넥타이는 쿨비즈를 의식해서 고르도록 한다. 수트에 맞춰 입을 때는 솔리드 컬러나 베이식 스트라이프가 무난하게 어울리는데, 청량감이 느껴지게 하려면 화이트 또는 연한 컬러의 비율이 높은 것을 선택한다. F/W에는 없는 코튼 또는 리넨 소재도 많이 사용한다. 서머 울 소재의 비즈니스 수트에는 윤기가 있는 실크 타이가, 코튼이나 리넨 등의 캐주얼 재킷에는 약간 까슬까슬한 질감의 타이가 잘 맞는다.

수트처럼 클래식한 디자인의 타이는 1970~1980년대에 생산된 것이라 할지라도 그 폭만 약간 줄이면 시대 변화에 맞춰 사용할 수 있다. 요철감이 많은 트위드나 플란넬 소재 재킷에는 니트 타이가 잘 어울린다.

제대로 된 딤플을 만드는 포인트 5

원단의 이어진 부분에서 매려 하면 매듭이 보기 좋게 만들어지지 않으므로, 먼저 이은 부분을 확인하고 매기 시작한다.	소검을 중심으로 대검을 옆으로 돌려 맬 때 신경 써서 돌려 맨다. 그렇게 해야 돌려 매는 노트의 크기를 미리 조절할 수 있다.	돌려 가면서 마지막으로 루프를 통과할 때도 노트 아래로 매듭이 나온다든가 헐렁해져서 주름이 지지 않도록 주의한다.	딤플은 위치와 개수에 따라 다양하게 연출할 수 있지만 보통은 매듭 중앙에 하나의 딤플이 기본이다. 딤플 연출이 익숙하지 않으면 손가락을 넣어 주름을 만들 수 있다.	셔츠는 레귤러와 세미와이드 칼라가 기본이다.

ACCESSORY

MUFFLER

머플러

▶ 남성 패션 센스를 업시켜 주는 악센트 액세서리

한때 남성들에게 목에 감는 유일한 액세서리는 소위 '머플러'라고 불리는 것이 전부였다. 그러나 최근 남성복이 점점 캐주얼화되면서 머플러가 F/W 패션에 멋진 악센트 효과를 주는 남성 워드로브의 필수품으로 자리 잡게 되었다. 그러면서 자연스럽게 다양한 소재와 디자인, 컬러의 머플러가 등장했다.

머플러나 스톨, 스카프 등 남성의 목에 두르는 액세서리는 단 몇 개만으로도 훌륭한 코디의 조연 역할을 한다. 볼륨감 있는 매듭, 눈길을 끄는 패턴은 단순한 남성복 차림에 악센트 효과를 준다. 화려한 컬러 느낌을 찾아서 일부러 여성용 머플러를 고르는 패션 상급자들도 자주 눈에 띈다.

최근에는 남성 패션 전반에 걸쳐 컬러와 패턴에 악센트를 주는 흐름으로 바뀌고 있다. 이런 흐름을 재킷이나 수트 같은 남성 의류에 적용하려면 망설여지지만, 머플러와 스톨 같은 액세서리를 활용하면 좀 더 쉽게 시도할 수 있다. 그리고 의류보다 가격적으로도 더 메리트가 있다. 다시 말해 머플러 하나를 여러 의상에 활용하면 그로 인해 얻어지는 효과가 배가되어 뛰어난 조연 역할을 해낸다.

머플러의 또다른 장점은 나이가 들어감에 따라 어쩔 수 없이 생기는 목 부분의 주름을 자연스럽게 감춰 준다는 것이다. 특히 밝은 컬러의 머플러를 고르면 거무스레한 얼굴이 젊어 보이는 효과도 볼 수 있다. 또한 머플러나 스톨 등은 재킷이나 블루종 스타일을 절묘한 볼륨감으로 보완해 준다.

스톨 STOLE

계절에 상관없이 즐겨 사용하는
스톨은 소재와 종류가 다양하다.
여름에는 리넨, 겨울에는 실크·울·
캐시미어 등을 계절에 따라 적절히
사용한다. 고대 로마의 여성들이
착용한 의복, 스톨라stola가 어원이다.
머플러나 스카프보다 큰 195x70cm
사이즈가 표준이다.

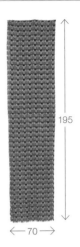

195

← 70 →

머플러 MUFFLER

방한을 주목적으로 해
울, 캐시미어, 니트 등을 소재로
제작한 아이템이다. 주로 두꺼운
소재를 사용하기 때문에 스톨에
비해서 약간 짧은 175x30cm
크기가 표준 사이즈다. 화이트
솔리드 머플러는 포멀한 수트에도
매치할 수 있다.

175

←30→

스카프 SCARF

V존을 다양하게 연출해 주는
아이템이다. 롱 사이즈와 스퀘어
사이즈가 있고, 각 표준 사이즈는
165x45cm, 65x65cm이다.
실크를 주로 사용하지만 얇은 울
또는 새틴 같은 섬세한 소재로
만든 것도 많으며,
컬러와 패턴이 가장 다양하다.

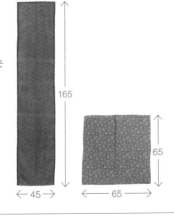

165

65

← 45 →   ← 65 →

머플러와 스톨을 매는 방법으로는 60~70가지 이상의 스타일이 있지만 대부분은 여성들이 많이 사용한다. 이탈리아·뉴욕의 스트리트 스냅 사진이나 유명 남성 패션지를 보면 남성이 주로 사용하는 머플러 매듭 방법은 심플한 몇 가지가 주를 이룬다는 것을 알 수 있다. 가장 대표적인 7가지를 소개한다.

1 드레이프 스타일 DRAPE STYLE

코트 속에 가장 심플하게 연출하는 스타일. 목에 늘어뜨리는 것만으로도 좋지만 살짝 꼬아 목 주변에서 가늘게 정리하고, 끝 길이를 다르게 하면 더 세련돼 보인다. 머플러와 스톨은 약간 눈에 띄는 컬러나 패턴을 시도해 보는 것도 좋다.

2 아스코트 스타일 ASCOT STYLE

포멀한 스타일에 사용되는 아스코트 타이의 매듭 방법과 동일하게 길게 내려온 끝부분을 다른 한쪽의 끝에 크로스시켜서 매듭의 안쪽으로 넣어 앞쪽으로 늘어뜨리면 완성된다. 전체적으로 느슨하게 매는 것이 이 매듭의 포인트다.

3 파리지엔 스타일 PARISIAN STYLE

반으로 접은 상태에서 목에서 늘어뜨려 끝부분을 통과시키면 완성된다. 머플러의 폭이 넓으면 돌려 매기 전에 폭을 반으로 접으면 볼륨감을 줄 수 있다. 방한용으로도 많이 사용된다.

4 숄더 스타일 SHOULDER STYLE

체형을 슬림하게 보여주는 세련된 스타일. 목에서부터 늘어뜨려 한쪽 끝을 뒤쪽으로 넘겨 감으면 된다. 세로 라인을 강조하는 방법이기 때문에 두껍지 않은 스톨이나 머플러가 적합하다.

5 에디터스 스타일 EDITOR'S STYLE

기본적이면서도 심플한 매듭 방법으로 끝부분을 한쪽만 넘겨 돌린 숄더 스타일과 달리 완전히 한 바퀴 돌려 맨 스타일이다. 목 부분의 매듭은 가볍게 돌려 매면 더욱 세련되어 보인다.

6 뉴욕 스타일 NEW YORK STYLE

한 번 돌려 매는 방법보다 소탈해 보이는 매듭. 한 번 돌려 맨 상태에서 끝부분을 한 번 더 되풀이해 매면 완성된다. 매듭 부분이 가슴 아래로 오도록 하면 밸런스가 좋다.

7 피티 스타일 PITTI STYLE

이탈리아 피렌체에서 매년 2회에 걸쳐 열리는 세계 최대
남성복 박람회에 참가하는 멋쟁이들 대부분이 이렇게
매고 있어서 붙여진 별칭이다. 정식 명칭은 더블 크로스
스타일double-cross style이다. 방법이 다소 까다로워
보이지만 시도해 보면 익숙해지면 쉽게 완성할 수 있다.
시간이 지나도 모양이 흐트러지지 않고, 수트부터
캐주얼 스타일까지 폭넓게 사용할 수 있다.

피티 스타일 매듭 만들기

1

목에서부터 늘어뜨린 후 길게
늘어뜨린 한쪽 끝을 한 바퀴
돌려서 살짝 목에 두른다.
밑은 선명한 에디터 스타일
매듭 상태이다.

2

길게 늘어뜨린 겉 부분을
둥근 루프에서 옆으로 당겨서
새로운 루프를 만든다. 왼손을
들고 있는 쪽이 루프로
만들어진다.

3

새로 만들어진 루프에
오른손으로 쥐고 있던 다른
한쪽의 긴 부분을 집어넣는다.

4

좌우의 겉 부분을 잡아당긴 후
매듭 부분을 정리해 주면 피티
스타일이 완성된다.

STYLING TIP 전체 인상이 좌우되는 3목

목, 손목, 발목의 세 군데는 시선이 집중되는 곳이므로
전체 인상을 좌우한다. 또한 3목은 시선이 집중되는 곳
이니만큼 이 부위를 어떻게 보여 주는가에 따라 매력도
가 달라진다. 3목은 마치 음식의 조미료 같은 존재로,
악센트를 주어서 변화를 추구하되 지나치지 않는 것이
중요하다. 캐주얼이든 포멀한 차림이든 밸런스를 갖춘
액세서리 등으로 포인트를 주면 개성을 살린 다양한 옷
차림이 가능하다. 모자, 머플러, 넥웨어류, 브레이슬릿,
시계, 커프스, 장갑, 슈즈, 양말 등이 3목 아이템에 해
당한다.

POCKETCHIEF

포켓치프

► 개성 있는 치프 하나로 남성 복장에 메시지를 줄 수 있다

포켓치프는 '포켓 행커치프'의 약자로 재킷의 가슴 포켓에 꽂으면 센스 있어 보이고, 셔츠 컬러와 포켓치프의 컬러를 통일하면 세련되어 보인다. 포켓치프는 남성복에 허용된 몇 안 되는 장식 액세서리다. 특히 넥타이를 잘 매지 않는 여름에는 무언가 빠져 있는 것 같은 V존을 보완해 주는 역할을 한다.

S/S 시즌 엘리건트한 분위기를 내고 싶다면 광택이 약간 있는 것이 좋지만, 반대로 캐주얼한 느낌을 원한다면 리넨이나 코튼 소재가 좋다. F/W 시즌에는 울 소재의 솔리드 또는 클래식한 패턴이 적합하다.

포켓치프를 어떤 식으로 꽂아야 할지 모르겠다는 사람도 있지만, 남성들이 포켓치프를 가슴에 꽂게 된 유래를 알면 좀 더 자신감이 생길 것이다. 남성 아우터인 코트의 포켓은 장갑을 넣기 위해 만들어진 것인데, 이후 재킷에도 활용해서 손수건을 꽂고 다녔다고 한다. 그런 이유로 영국 신사들은 가슴 포켓에 단정하게 접어 넣지 않고 대충 접어 꽂는 사람이 많다. 그러니 포켓치프는 주저하지 말고 자연스럽게 꽂으면 되는 것이다.

TV 폴드 TV FOLD

기본적인 스퀘어 TV 폴드. 재킷이나 수트에 센스 있게 악센트를 줄 수 있는 사각형의 TV 폴드로, TV 모양의 사각형에서 유래했다. 주요 상담이나 행사, 비즈니스 모임 등에 적합하다.

퍼프트 스타일 PUFFED STYLE

격의 없이 편하게 어필하고 싶을 때 어울리는 스타일이다. 가까운 사람들과의 회식 모임 등에 적합하다.

TIP 가슴 포켓 사이즈에 맞추어 사각으로 접는 것이 기본이다. 치프의 끝 부분을 1.5cm 정도 노출시킨다.

TIP 치프의 가운데를 가볍게 집어서 그대로의 형태로 꽂는다.

피크트 스타일 PEAKED STYLE

캐주얼한 느낌에 엘리건트함을 더하고 싶다면 피크트 스타일을 추천한다. 소위 '3픽스'의 깃을 자연스럽게 흩뜨려서 꽂는다. 파티에서 약간 치장한 듯한 분위기를 내고 싶을 때 어울린다.

주름 스타일 PLEATS STYLE

살짝 빳빳한 소재의 포켓치프를 주름을 겹쳐 잡아 꽂는 상급자 스타일이다. 치프 끝부분을 부채처럼 넓혀서 볼륨을 크게 하면 보다 화려한 분위기가 난다.

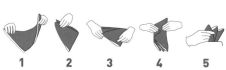

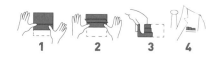

SUNGLASSES

선글라스

▶ 멋과 실용의 아이템

선글라스는 사람의 시선이 집중되는 얼굴
에 착용하는 아이템으로, 점차 계절에 영
향을 받지 않는 액세서리로서 스타일의 중
요한 포인트가 되고 있다. 프레임의 모양, 렌
즈의 색상 등에 따라 사람의 인상을 드라마
틱하게 바꾸며 실용성과 멋을 전한다.
선글라스 쓰는 것을 부담스러워하는 사람
들이 많은데 매일 가볍게 쓰다 보면 그만큼
빠르게 익숙해진다. 처음에는 쑥스러워서
바로 벗을 수도 있지만 어느 정도 쓰고 있다
보면 상당히 자연스러워질 것이다.
선글라스는 단순한 하나의 아이템으로 여
겨지기 쉬우나, 옷과 잘 매치하면 정말 멋
있게 보이기도 한다. 예를 들어 햇빛이 아주
따가운 날 화이트 셔츠와 데님 차림에 선글
라스를 쓰고 있으면 누가 보더라도 '역시 멋
있구나'라고 생각할 것이다.

1

2

3

4

5

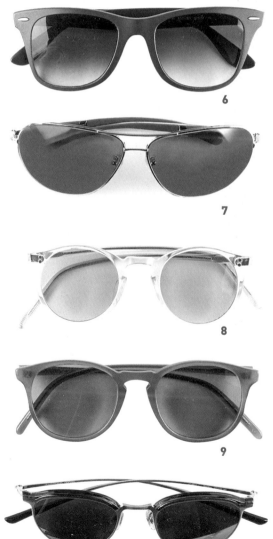

1 스타일이나 장소에 크게 구애받지 않고
무난하게 착용할 수 있는 디자인.
2 보스턴 스타일의 디자인이 다양한 옷차림에
어울린다. 투명한 프레임이 한층 세련된
이미지를 표현한다.
3 블루 렌즈와 블루 프레임이 독특한 표정을
보여 주는 이 모델은 많은 해외 패셔니스타
사이에서 인기를 끈 와비 파커Warby Parker
제품이다. 스포티한 감각이 느껴진다.
4 빈티지 분위기의 투명 프레임과 보스턴
스타일의 라운드형의 디자인이 클래식한
수트에 잘 어울린다.
5 저항 정신이 강한 록 뮤지션이나 아티스트가
자유와 개성의 아이콘으로 지니고 있던
것으로 알려진 이 모델은 옷차림이 자유로운
스트리트 스타일에도 잘 어울린다.
6 프레임에 적용된 블루와 빅 사이즈 렌즈가
휴양지에서 더욱 빛을 발하는 선글라스.
7 제2차 세계대전부터 보급된 메탈 프레임이
특징인 폴리스 선글라스에서는 와일드한
분위기가 느껴진다. 야외 활동이나 드라이브
등에 유용하다.
8 렌즈 아랫부분 프레임이 반투명의 옐로
브라운 칼라로, 세련된 분위기를 연출한다.
9 블루 렌즈와 브라운 프레임의 디자인.
선글라스에도 아주로 에 마로네가 적용되었다.
10 프레임 윗부분이 눈썹처럼 보이는 것에서
이름 붙여진 '브로'는 클래식한 인상을
자아낸다. 수트 차림에 코디하면 관록 있는
표정이 연출된다.

WATCH

시계

► 안목과 취향의 결정체

시계는 시간을 알려주는 도구일 뿐만 아니라 착용하고 있는 사람 자신을 나타낸다고 할 수 있다. 즉, 지니고 있는 사람의 지위나 재력 등을 알게 해주는 아이템이다.

요즘에는 스마트폰이 있기 때문에 손목시계가 없어도 쉽게 시간을 알 수 있다. 그렇다면 왜 손목시계가 필요한 것일까? 어떤 의미에서 손목시계는 자신의 세련된 감각이나 좋아하는 것에 대한 취향을 드러내는 수단이다. 해외에서 중요한 미팅을 추진하거나 저녁 만찬 자리 등에서 상대의 시계에 대해 관심을 보이고 대화를 나누다가 그것이 계기가 되어 한층 더 좋은 결과로 이어지는 일을 자주 경험했다.

1, 2, 3, 5 비즈니스 워치 실용성과 품격을 갖춘 기능과 디자인으로 포멀 스타일 외에 재킷 중심 코디네이션 차림에도 잘 어울린다. 남성다움과 클래식함을 동시에 표현한다.
4, 6 드레스 워치 포멀 수트 스타일에 럭셔리하고 완벽한 세련미를 더해 준다. 옐로 골드, 골즈 골드, 플래티넘 소재와 블랙이나 짙은 갈색 악어가죽 스트랩이 많다.
7, 8, 9 캐주얼 워치 스포츠 감성의 디자인으로 주말의 편안하고 개성 있는 스타일에 매치하면 트렌디하면서 격식을 갖춰 보인다.

그러나 좋은 시계를 착용했다고 해서 단지 그것만으로 멋있어진다고 할 수는 없다. 좋은 시계에 어울리는 옷차림도 중요하고 좋은 시계에 어울리는 교양도 필수적이다.

정말 좋은 시계를 착용하고 있는데도 손목이 지저분하다면 난센스다. 당연히 본질적인 부분 역시 잘 다듬어야 한다. 특히 티셔츠에 진 팬츠, 수영복 차림 등에서는 손목시계가 차지하는 비중이 더 크고 시선도 더욱 집중된다. 실제로 남성의 손목시계는 다른 사람들에게 잘 보이는, 패션의 주요 포인트이다. 그러므로 다소 비싸더라도 스스로 납득할 수 있는 퀄리티의 제품을 착용하는 것이 좋다고 생각한다.

BELT

벨트

블랙 플레인 벨트 가장 기본이 되는 플레인 벨트. 수트 스타일이나 드레시한 팬츠에 품격을 더해준다.

블랙/브라운 리버시블 벨트 광택 있는 블랙과 정중한 브라운 컬러를 양면으로 활용할 수 있다.

블랙 크로커다일 벨트 각진 버클과 광택 있는 크로커다일이 세련된 이미지로 포멀 수트에 어울린다.

브라운 카프 벨트 생후 6개월 이내의 송아지 가죽인 카프 소재로 만든 벨트. 수트와 스마트 캐주얼에 잘 어울린다.

브라운 스웨이드 벨트 부드러운 브라운 스웨이드는 캐시미어 재킷이나 플란넬 팬츠와 훌륭한 매치를 이룬다.

브라운 메시 벨트 메시 벨트는 릴랙스한 캐주얼 스타일에 경쾌한 이미지를 연출한다.

블랙 버팔로 가죽 벨트 버팔로 가죽은 내구성이 좋고 부드럽다는 장점이 있다. 캐주얼 룩, 그중에서도 특히 데님 룩에 추천한다.

블랙 벨트 평범한 블랙 벨트에 화이트 스티치 포인트를 더했다. 오프 스타일에 추천한다.

메시 벨트 폭이 넓은 메시 벨트는 활동적인 캐주얼 룩에 잘 어울린다. 데님 팬츠와 매치하면 산뜻한 느낌을 준다.

브라운 크로커다일 벨트 크로커다일 가죽 소재가 와일드한 느낌을 주어 아웃도어 캐주얼에 잘 매치된다.

☛ 활용도 높은 벨트 컬렉션

벨트 선택도 기본은 슈즈와 같은 방법으로 하면 된다. 블랙과 브라운을 고르고 TPPO와 수트에 맞춰 다양하게 준비해 두는 것이 좋다. 데님 팬츠에 맞출 것인가, 얇고 부드러운 원단의 팬츠에 맞출 것인가에 따라 선택이 달라진다. 또한 버클 디자인이나 크기에 따라서도 분위기가 바뀌기 때문에 폭이 좁은 것과 넓은 것, 블랙과 브라운의 리버시블 등도 갖춰 두면 활용도가 높다. 보이는 면적은 작지만 허리의 중심에 위치한 벨트는 코디네이션의 중요한 아이템이다.

SOCKS

양말

➤ 양말 전체의 컬러와 하모니를 중시하며 선택한다

비즈니스 차림이나 드레스 업 된 재킷 스타일에서 양말을 코디하는 기본은 슈즈나 팬츠 컬러에 맞추거나 팬츠보다 조금 더 짙은 컬러를 고르는 것이다. 특히 수트를 입을 때는 동색 계열의 무지 외에 다른 컬러는 안 된다. 넥타이나 포켓치프의 무늬에 와인이나 레드 계열의 컬러가 들어가 있다면 양말도 같은 계열로 맞춰 신으면 재미있을 것이다. 캐주얼 스타일에는 액티브한 느낌을 주는 것이 중요하므로 콘트라스트 컬러 코디가 바람직하다. 한편 양말 선택 시 컬러 이상으로 주의할 것은 양말의 길이다. 의자에 앉을 때 양말의 길이가 짧아서 종아리 살이 그대로 보이는 양말은 피하는 것이 좋다.

1~5 포멀용 양말 팬츠와 재킷 컬러보다 짙은 컬러를 선택한다. 무늬가 없거나 스트라이프 패턴, 부각되지 않는 자잘한 무늬의 양말이 적당하다. **6~10 캐주얼 양말** 액티브한 느낌을 주는 다양한 패턴과 컬러의 양말.

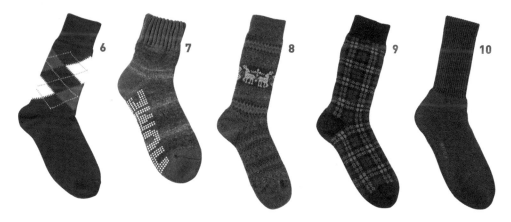

SHOES

슈즈

► 남성 패션의 마침표

슈즈를 제대로 신으면 전체 스타일이 업 된다. "호텔맨
은 슈즈를 보고 손님을 판단한다"라고 말할 정도로 슈
즈는 인상을 좌우하는 아이템이다. 가죽 패션은 발밑
에서 시작된다는 말은, 결코 패션 업계의 상투적인 표
현이 아니며 비즈니스맨을 위한 결코 퇴색하지 않는 금
언이다. 또한 발은 제2의 심장이라고 비유될 정도로 건
강에 중요한 부분을 차지하고 있다. 따라서 슈즈 선택
은 올바른 지식을 가지고 임해야 한다.

기본적으로 슈즈는 비즈니스 타입과 캐주얼 타입으로
분류된다. 비즈니스 슈즈를 캐주얼 차림에 신으면 드레
스 업 되고, 캐주얼 타입의 슈즈를 드레시한 차림에 신
으면 완만한 드레스 다운 느낌이 난다.

1 스트레이트 팁 토 부분에 절개선이 특징으로, 정장
슈즈의 대표적 디자인이다. **2, 3 플레인 토&U팁**
일반적으로 블랙 컬러는 포멀한 느낌이고 브라운은
캐주얼한 느낌이 강하다. 또한 매듭이 있으면 포멀, 매듭이
없으면 캐주얼에 가깝다. **4 세미브로그(스트레이트
미댈리언)** 토 부분에 펀칭 디테일이 특징으로, 포멀
수트부터 캐주얼 등에 두루 코디할 수 있다. **5 몽크
스트랩** 버클 식으로 채우는 금속이 수도승들이 신는
샌들을 연상시켜 붙여진 이름이다.

6 블랙 로퍼 캐주얼 스타일도 품격 있게 연출해 주는 디자인.
7 윙팁 치노 팬츠 등 캐주얼 차림에 어울리지만 비즈니스
스타일에 맞춰 신어도 매력적이다.
8 태슬 로퍼 태슬 로퍼는 비즈니스 스타일에도 잘 어울린다.
9 스웨이드 윙팁 데님부터 재킷 스타일까지 폭넓게 코디할 수
있다. **10 스웨이드 로퍼** 끈으로 묶지 않고 편안하게 신을 수 있는
로퍼는 비즈니스부터 캐주얼 스타일까지 두루 활용할 수 있다.
11 스니커즈 화이트 가죽 스니커즈는 경쾌한 인상을, 브라운이나
블랙은 안정된 이미지를 연출한다. **12 처카 부츠(쇼트 부츠)**
처카는 폴로 경기의 시간 단위로 1처카는 7분 30초이다. 폴로
경기 중 신었던 신발 디자인에서 유래되었다.

COMMENT

옷 입기에 공식이나 정답은 없다. 그러나 좋아 보이는 것의 비밀,
반대로 말하면 하지 말아야 할 것들은 있다.
스타일의 감각을 높여주는 첫 번째 열쇠 '아주로 에 마로네'와 친해지면 스타일이 쉬워진다.

AZZURRO E MARRONE

아주로 에 마로네

➤ 아주로 에 마로네를 이해하면 패션 감각이 확연히 달라진다

패션의 나라 이탈리아. 이탈리아에 가면 유독 멋지게 차려입은 중장년들이 많이 보인다. 이탈리아 남성은 태어나면서부터 탁월한 패션 감각과 좋은 몸매를 물려받았기 때문에 대충 입어도 멋있어 보이는 것일까? 그렇지 않다. 이탈리아 남성 중에도 하체가 짧거나, 얼굴이 특이하게 생긴 사람이 많다. 그렇다면 왜 이탈리아 아저씨들이 멋있어 보이는 것일까? 이탈리아 남성이라면 누구나 알고 있는 아주로 에 마로네가 그들의 패션 센스를 끌어올려 주기 때문이다. 당신도 매일 아주로 에 마로네를 의식하고 옷을 입는다면 수트나 재킷, 아우터 등을 코디하는 패션 센스가 레벨업 되고 훨씬 세련되어 보일 수 있다.

1 네이비를 메인으로 한 M-65 재킷 스타일. 네이비로 전체적인 통일감을 주고 있지만 살짝 보이는 블루나 브라운 믹스 머플러, 카멜 슈즈가 밝은 네이비와 매치되어 아주로 에 마로네를 잘 보여준다.
2 스타일은 자연스러워야 한다는 것을 보여주는 자연 풍광이다. 하늘과 바다, 흙이 조화를 이룬 컬러는 남성 패션에서 기본이 되는 아주로 에 마로네의 원칙을 보여준다. 아주로 에 마로네 원칙을 따른다면 안정적이면서 세련된 스타일이 될 것이다.

1 아가일 패턴의 카디건과 데님 팬츠에 주목할 것. 데님의 블루와 카디건의 짙은 베이지가 잘 코디되어 있다. 짙은 베이지 카디건 속의 버건디 무늬가 슈즈 컬러와 같기 때문에 3가지 컬러가 사용되었음에도 산만해 보이지 않는다.
2 짙은 브라운 카디건에 네이비 페이즐리 무늬 스카프를 매치했다. 네이비와 짙은 브라운은 비슷하게 어두운 톤이라 무겁게 느껴질 수 있지만 스카프에 있는 패턴 때문에 오히려 산뜻함이 느껴진다. 액세서리 매치에서도 아주로 에 마로네 원칙을 따랐다.

► 아주로 에 마로네의 법칙

아주로azzurro는 이탈리아어로 하늘색이란 뜻이며, 마로네marrone는 밤색을 뜻한다. 다시 말해 하늘색은 블루, 밤색은 브라운으로, 블루와 브라운 계열의 컬러를 조합하는 것을 '아주로 에 마로네'라고 부른다. 이는 특정한 컬러만을 뜻하는 것이 아니라 대부분의 블루 계열 컬러와 브라운 계열 컬러를 아우르며, 여린 컬러부터 짙은 컬러까지 범위가 넓다. 아주로 에 마로네는 이탈리아 멋쟁이들 사이에서는 기본이면서 유행에 좌우되지 않고 오래전부터 즐겨 사용되는 배색이다.

보통 턱시도 등에서 보이는 포멀한 배색은 블랙 & 블랙, 화이트 & 화이트 등 동일 컬러의 조합이다. 그러나 블루와 브라운 조합은 점층적인 하모니적인 배색을 약간 무너뜨린 감이 있으면서도 세련됨과 스포티함이 믹스된 이미지를 연출할 수 있는 컬러 콤비네이션이다.

이탈리아 남성 패션 업계는 영국의 수트를 하청 생산해 왔다. 그로 인해 이탈리아 수트는 영국 수트의 구조나 형식 등의 영향을 받았지만, 거기에 이탈리아 특유의 밝고 가벼우면서도 자유로운 기질과 감성이 첨가되었다. 아주로 에 마로네는 영국의 전통을 지키려는 기질과 자유를 중시하는 이탈리아다운 색이 만나 탄생한 콤비네이션인 것이다.

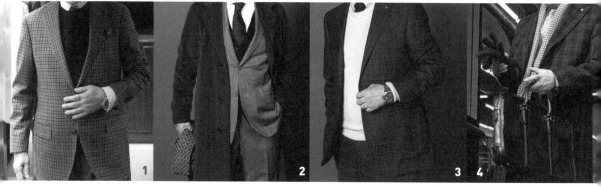

F/W 시즌의 아주로 에 마로네 활용법 **1** 브라운 클럽 체크 재킷과 올리브 팬츠, 짙은 네이비 니트를 자연스럽게 코디했다.
브라운과 올리브는 같은 계열로 간결하게, 네이비는 짙은 톤으로 연출해서 복잡해 보이지 않도록 했다.
2 코트와 수트만으로도 비즈니스 차림에 적합하지만 짙은 네이비 베스트와 손에 든 블루 계열의 머플러가 추가되면 약간 터프하고
캐주얼한 느낌으로 바뀐다. **3** 브라운 바탕에 네이비와 버건디가 믹스된 체크 재킷과 버건디 팬츠를 매치시킨 아주로 에 로소Rosso.
로소는 레드의 이탈리아 표현이다. 다소 강해 보일 수 있는 버건디 팬츠와 재킷을 크림색 니트가 중화해 준다.
4 옐로 타이와 그레이 수트에 네이비 코트를 매치했다. 보통 네이비나 그레이 수트는 네이비 계열 코트를 맞춰 입지만, 이때 베이지 계열
머플러로 악센트를 넣으면 좀 더 세련된 느낌이 들어 수준 높은 드레서로 보인다.

S/S 시즌의 아주로 에 마로네 활용법 **1** 이른 봄에 카디건이나 베스트를 착용한 코디네이션이다. 밝은 셔츠와 밝은 톤의
베이지만으로는 너무 캐주얼한 인상을 주게 되지만 베스트의 블루가 밝은 컬러를 다운시켜서 전체적으로 안정된 분위기를 자아내고
있다. **2** 네이비(=아주로)를 기본으로 브라운은 물론, 그레이·블랙·그린·레드 등 다양한 컬러가 믹스되면 세련되면서 안정된
스타일이 연출된다. 그린 재킷은 S/S 시즌 네이비와 훌륭한 코디를 이룬다.
3 그린이 과감하게 믹스된 네이비 팬츠와 네이비 재킷을 코디해서 마무리하면 스마트 캐주얼 스타일로 바뀐다.
4 브라운 스웨이드 베스트와 톤 다운된 블루 크루넥을 매치했다. 캐주얼한 차림이면서 자연스럽고 부드러운 분위기가 느껴지는 비결은
컬러의 명도를 같은 레벨로 통일시킨 코디에 있다.

► 블루와 브라운의 비율은?

컬러의 조합 비율은 대체로 반반으로 하기보다는 어느 한쪽의 비율을 작게 하되 눈에 띄도록 하는 것이 좋다. 예를 들어 네이비 수트라면 슈즈나 타이·벨트를 브라운 계열로 선택하고, 브라운 수트라면 반대로 액세서리류를 네이비 컬러로 선택한다.

슈즈·벨트·백 등은 가죽 제품이 많기 때문에, 같은 소재라면 같은 피혁을 사용해서 만든 것처럼 비슷한 톤으로 하는 것이 좋다. 동일한 브라운 계열이기 때문에 하나의 코디네이션에서는 옅은 컬러에서 짙은 컬러까지 다양한 브라운 컬러를 사용하는 것보다 같은 톤을 맞추는 쪽이 세련된 마무리가 가능하다.

컬러의 비율, 다시 말해 면적의 할애는 약간 어려운 부분이다. 그러나 초급자라면 짙은 색을 사용하면 대체로 성공한다. 밝은 색은 여유롭고 캐주얼한 요소가 강하게 느껴지므로 특히 비즈니스 상황에서 사용할 때는 주의해야 한다. 반대로 짙은 컬러는 차분하고 아무져 보이기 때문에 안정된 인상을 준다.

► 아주로 에 마로네 스타일을 위해 기억해 둘 것

- 배색의 할애는 반반씩 하는 것보다도 한쪽 컬러를 포인트로 사용하면 성공한다.
- 컬러 톤이 짙어질수록 안정되어 보이고, 밝을수록 터프하면서 캐주얼한 느낌이 강해진다.
- 네이비 재킷은 봄 여름 필수아이템이다.
- 초보자는 짙은 톤을 선택하면 실패할 위험이 적다.
- 밝은 컬러는 캐주얼한 느낌이 더 강하다.
- 네이비와 블랙은 깨끗함과 신뢰감을 느끼게 한다.
- 네이비 재킷은 맞춰 입은 팬츠에 따라 인상이 달라진다.
- 비슷하게 어두운 컬러로 맞춰 입으면 통일감이 느껴진다.
- 네이비를 중심 컬러로 하고 브라운 계열을 일부만 사용하면 단순해 보인다.
- 브라운 계열이라도 카멜이나 베이지는 소프트하고 고급스러운 느낌이다.
- 밝은 컬러는 모노톤 중심으로 코디하면 차분한 인상을 준다.
- 산뜻한 블루를 활용한 아주로 에 마로네는 파티 의상에 적합하다.
- 아주 작은 비율일지라도 아주로 에 마로네로 코디하면 부드러운 뉘앙스가 느껴진다.
- 네이비 재킷과 그레이 울 팬츠는 윗사람이나 고객에게 좋은 인상을 준다.
- 네이비와 블랙은 캐주얼 아이템이라도 차분한 분위기를 만들어 낸다.

이탈리아 멋쟁이들이라면 누구나 알고 있는, 그보다는 몸에 익히고 있다는 표현이 더 적합한 아주로 에 마로네. 이제부터 당신도 아주로 에 마로네를 잘 활용하여 이탈리아 멋쟁이들처럼 고급스럽고 안정된 패션으로 주변 사람들과 차별화된 분위기를 만들어 보면 어떨까?

➤ 비즈니스 스타일에는 아주로 에 네로

비즈니스 복장에서 중요한 것은 신뢰감과 깨끗함이다. 이를 어필할 수 있는 최고의 아이템은 누구나 한 벌은 갖고 있는 네이비와 그레이 수트다. 네이비는 블루 계열의 컬러이지만, 그레이는 블랙 계열의 컬러. 사회적으로 깔끔함과 신뢰감이 요구되는 아나운서, 금융업 종사자, 공직자 등이 입고 있는 수트는 대부분 네이비나 그레이 컬러다. 이처럼 비즈니스 등에서는 네이비와 블랙 등 컬러 톤만 약간 다를 뿐 그 범주에서 크게 벗어나지 않는다. 하나 삼가야 할 것은 블랙 컬러의 수트로, 블랙은 장례를 연상시킬뿐더러 위압감을 줄 수 있는 컬러로 알려져 있다. 따라서 블랙 한 가지 컬러의 코디네이션은 피해야 한다.

아주로 에 마로네는 블루와 브라운 컬러의 조합이지만, 아주로 에 네로azzurro e nero는 블루와 블랙의 코디네이션이다. 블루와 브라운 컬러 코디를 한다면 비즈니스에서는 약간 캐주얼한 요소가 느껴지기 때문에 블루와 블랙 콤비네이션이 바람직하다. 블랙이라도 라이트 그레이부터 다크 블랙까지 폭이 넓기 때문에 맞춰 입기가 쉽지 않다. 재킷과 팬츠(흔히 콤비라고 한다)를 즐겨 입는다면 네이비 재킷과 그레이 팬츠가 가장 기본이 된다. 네이비 수트라도 슈즈나 벨트, 백 등을 모두 블랙 계열로 코디한다면 성실함과 깨끗함을 더욱 잘 표현할 수 있다. 또한 동양인은 대부분 검은 머리카락이기 때문에 블랙 톤이 코디하기 쉽고 잘 맞는다. 비즈니스지만 수트는 너무 딱딱하다고 생각되어 캐주얼 느낌의 재킷과 팬츠로 입고 싶을 때는 네이비 재킷과 그레이 울 팬츠가 가장 무난하다. 격식을 차려입어야 할 때 실례가 되지 않고 산뜻함과 성실한 인상을 줄 수 있다.

블랙 라운드 니트에 네이비 카디건, 네이비+그린 팬츠를 맞춰 입은 코디네이션이다. 짙은 네이비나 차콜 컬러의 팬츠를 코디하는 것도 좋지만 네이비와 그린처럼 다소 강해 보이는 색 조합의 팬츠를 코디하면 패션 센스 상급자의 연출이 된다.

비즈니스 느낌이 강한 그레이 초크 스트라이프 수트에 차콜 그레이 타이를 매치했다.

네이비 수트에 블랙 터틀넥 스웨터이다. 짙은 네이비와 블랙으로 코디하면 세련된 분위기가 느껴진다. 이런 코디에 블랙 셔츠를 매치했다면 약간 무서운 이미지로 보일지도 모르지만, 스웨터의 소프트한 니트 소재가 인상을 부드럽게 해준다.

블랙 다운 재킷에 블랙 다운 베스트를 매치했다. 이너는 짙은 네이비 라운드넥 니트이다. 이 같은 네이비와 블랙 조합은 시크한 느낌을 준다. 캐주얼한 아이템이라도 컬러를 블랙과 네이비로 선택하면 안정적인 분위기가 전달된다.

A   B   C

↓

FORMALWEAR

포멀웨어, 제대로 입는 법

➤ 실수 없는 경조사 스타일

포멀웨어라고 하면 턱시도 수트가 대표 격이지만 현실적으로 입는 횟수를 감안했을 때 다크 수트의 활용도가 높다. 네이비와 그레이 수트는 유럽의 파티에서도 자주 볼 수 있다. 그러나 블랙 타이라고 지정된 파티에는 턱시도 차림이 바람직하다. 다크 수트는 어디까지나 간편한 포멀웨어라고 보면 된다. 네이비나 그레이 수트는 비즈니스에서도 자주 입지만 결혼식 등 경사에 입어도 문제없다. 다만 플란넬 또는 트위드 같은 기모 가공된 원단이나 헤링본 같은 패턴이 있는 원단은 피하는 것이 좋다. 좀 더 구체적으로 말하면 상의는 노 벤트 스타일, 팬츠는 싱글 컷이 이상적이다.

셔츠 셔츠의 칼라에는 여러 종류가 있지만 조사에 적합한 것은 가장 기본적인 레귤러 칼라 셔츠다. 직물 무늬가 없는 솔리드가 최적이다.

블랙 타이 셔츠와 마찬가지로 직물 무늬가 없는 블랙 솔리드가 좋다. 매듭은 평범한 플레인 노트로 한다.

포켓치프 장례식에서 손수건이 필요할 때도 있다. 무심코 꺼낸 포켓치프에 화려한 컬러나 패턴이 보이면 큰 실례가 된다. 잘 다린 화이트 무지 포켓치프를 준비한다.

A 결혼식이나 회사의 중요 행사, 업무상 초대된 축하 행사 등에 적합하다. 실버 솔리드 타이는 그레이 수트를 바로 포멀한 분위기로 바꿔준다. 그레이 수트와 잘 어울리며 밝은 색감이 V존을 화사하게 연출한다.
B 웨딩이나 저녁에 시작되는 거래처의 파티에 적합하다. 네이비 수트의 전형적인 코디는 동일색으로 마무리하는 것이다. 약간 광택이 있는 네이비 솔리드 타이가 품격을 느끼게 한다. 또한 전형적인 포멀 수트에 갖춰야 할 리넨 포켓치프, 블랙 에나멜 슈즈는 격을 한층 높여 준다.
C '블랙 타이'라고 지정된 파티에 출석 시 착용한다. 영국에서는 '디너 재킷'으로 불리는 세미 포멀웨어. 블랙 보타이와 블랙 에나멜 슈즈가 바람직하다.
D 블랙 수트는 조사에 꼭 필요한 포멀웨어 아이템이다. 일반적으로 장례식 조문 시에 착용한다. 이때 멋을 내는 느낌은 불필요하다. 한밤중에 급히 가야 하는 상황에서는 네이비나 다크 그레이 수트도 상관없지만 타이나 양말만큼은 블랙 컬러로 고르는 배려가 반드시 필요하다.

벨트 블랙 플레인 가죽 벨트가 적합하며, 폭은 3cm 정도가 좋다. 심플한 실버 버클이 이상적이다.

슈즈 포멀 슈즈의 기본은 블랙 스트레이트 팁이다. 예장(禮裝)에도 알맞은 이 슈즈는 장례식은 물론, 결혼식이나 비즈니스에도 활용할 수 있다.

► 이런 포멀 스타일은 안 됩니다

결혼식이나 문상 등 경조사 식장에서 자주 볼 수 있는 예의를 벗어난 차림의 대표적인 사례를 모았다. 몰라서 결례를 범하는 일이 없도록 확인해 보자.

경사

팬시한 타이를 착용해서는 안 된다

V존은 개성 있게 연출해도 좋지만 예장에서는 품격이 우선이다. 개성을 나타내는 것을 잘못 이해하면 무언가 착각하고 있는 사람으로 보일 수 있다.

릴랙스한 느낌을 내서는 안 된다

캐주얼 느낌이 지나치게 강한 버튼다운 셔츠는 입지 않는다. 또한 칼라 깃이 넓어지는 만큼 인포멀하기 때문에 와이드 스프레드 칼라도 지양하는 것이 좋다.

하객은 부토니에를 하지 않는다

가슴에 꽃을 꽂는 것이 허용되는 사람은 원칙적으로 파티의 주최자뿐이다. 부토니에를 착용했다가 뒤에서 손가락질을 당하지 않도록 주의하자.

화려한 벨트 버클은 피한다

예복에 로고 마크를 전면에 크게 어필하는 버클 벨트는 지양한다. 브랜드를 어필하는 것도 좋지만 예장에서는 삼가야 한다.

스포츠 양말은 피한다

착석했다든지 바짓단이 올라갔을 때 다리털이 보인다면 큰 실례다. 예장 복장에 스포츠 양말을 신는 것도 적절하지 않다. 짙은 네이비나 블랙 컬러의 양말을 준비하자.

장식 없는 슈즈가 기본이다

격식을 갖추는 자리일수록 슈즈는 포멀한 것이 좋다. 미댈리언 스티치, 또는 프린지 장식이 더해져 시선을 끄는 것은 삼가는 것이 좋다.

조사

축하 장소가 아닐 때는 포켓치프는 금물이다

가슴 포켓에 아무것도 꽂지 않는 것이 올바른 차림이다.

넥타이로 멋을 내지 않는다

치장하는 옷차림 자체가 예의에 어긋나는 일인데 소검을 어긋나게 하는 등 멋을 내는 테크닉은 금물이다. 같은 이유로 타이 매듭에 딤플을 만드는 것도 좋지 않다.

재킷 버튼을 모두 잠그지 않는다

예복에 한한 것이 아니라 일반적인 수트 차림에도 바람직하지 않다. 싱글 수트 기준 스리 버튼이면 가운데 버튼과 그 위의 버튼을 잠그는 것이 기본이다.

수트 주머니에 물건을 담지 않는다

예복이든 평상복이든 상관없이 해서는 안 되는 차림이다. 빈손이 편하다고 해서 소지품을 포켓에 눌러 집어넣는 것은 금물. 소지품을 보관할 별도의 방법을 강구해야 한다.

단춧구멍 등 세심한 곳도 체크한다

화이트 솔리드 셔츠이니까 문제없다고 안심해서는 안 된다. 블랙 수트에 레드 단춧구멍 포인트는 눈에 띈다. 스티치 등이 들어간 셔츠도 바람직하지 않다.

로퍼의 캐주얼함은 조사에 어울리지 않는다

캐주얼한 느낌이 강한 로퍼는 포멀웨어에 부적합하다. 블랙 카프 스트레이트 팁처럼 심플한 디자인의 슈즈가 좋은 선택이다.

➤ 포멀웨어를 입을 때 염두에 둘 점

해당 장소에 융합될 것인가 아닌가, 이것이 포멀웨어의 갈림길이다. 일례로, 평소 잘 알고 지내는 모 섬유 회사의 차장에게서 복장 때문에 낭패를 본 이야기를 들었다. 얼마 전 어느 파티에서 부끄러운 일을 겪었는데 잊을 수가 없다는 것이다. 파티에 초대받고 마음에 드는 턱시도가 있어서 바로 갈아입고 참석했는데, 파티가 시작된 낮 12시 무렵 참석자 대부분이 네이비 또는 다크 그레이 수트를 입고 있었다. 본인만 턱시도를 입은 채였다. 그때 파티장의 누군가가 귀뜸을 해주었다. 포멀웨어는 시간대에 맞춰 입어야 하는 것과 그렇지 않은 것이 있으며, 턱시도는 밤에 입는 포멀웨어라고. 그분은 파티장에 있던 대부분의 사람들이 자신을 보고 비웃는 듯한 느낌을 받았다고 한다.

확실히 잘 모르기 때문에 비상식적인 차림으로 결혼식이나 장례식에 참석하는 사람들이 꽤 있는 것 같다. 문상 시에는 특히 눈에 띄면 안 되는데, 포켓치프를 꽂고 있거나 블랙 컬러이기는 하지만 폭이 좁은 타이를 매고 있는 경우가 종종 있다. 문상할 때 멋을 내는 것은 금물이다.

결혼식 등 경사에서도 과도하게 멋을 내는 것은 좋지 않다. 경사를 위한 포멀웨어도 어디까지 차려입는 것이 좋은지 혼란스러울 때가 있다. 그럴 때는 주최하는 분이나 다른 초대객에게 물어보고 참석하는 것이 좋다. 물어보는 것이 실례라고 생각할 수도 있지만 그렇지 않다. 서양에서는 오히려 자연스러운 일이다. 혼자만 주위와 다른 차림을 해서 식장의 분위기를 흩뜨려 놓는 것이 오히려 바람직하지 않다. 몇 년 전 하와이에서 결혼식에 참석했을 때 참석자 모두 알로하 셔츠 차림인데 홀로 눈에 띄게 정장을 차려입은 나이 지긋한 노신사가 있었다. 이것도 보기 민망했다.

포멀웨어는 어떤 의미에서 유니폼이다. 드레스 코드에 맞춰서 모두가 하나로 차려입는 것으로, 그러면 식장에 보기 좋은 엄숙한 분위기가 흐르게 된다. 그 식장에 어울리는 예복을 입는 것이 결과적으로 초대한 분들에게 경의를 표하는 셈이 된다.

경사와 조사, 어느 상황이 되었든 블랙 수트를 예복으로 입는 분들도 다시 한번 생각해 보는 것이 좋을 듯하다. 관혼상제에서 블랙 수트를 입는 것은 관습이지만, 일반적인 결혼식에서는 서양에서처럼 다크 수트를 입는 편이 요즘 추세에 맞는 것 같다. 두 번 다시 "그런 포멀웨어는 잘못되었어"라는 야유를 듣지 않도록 때와 장소에 맞는 포멀웨어를 먼저 이해해야 하겠다.

복장에는 나름대로 신경을 쓰면서 구두는 대충 신는 사람이 상당히 많다. 격식 있는 자리에는 어울리지 않는 디자인이나 기능성(편함)만을 중요시한 구두 등 구두를 처음부터 잘못 고르거나, 좋은 구두인데도 손질을 제대로 하지 않는 것 등. 구두에 대한 관심이 없으면 모든 것이 소용없게 되어 버린다. 반대로 고급 구두는 아니지만 깨끗하게 손질된 구두를 신고 있는 사람을 보면 복장에 신경을 쓰고 있다는 인상을 받는다. 수트처럼 구두도 TPO에 따라 제대로 갖춰 신어야 제대로 포멀웨어를 갖춰 입었다고 말할 수 있다.

항상
TPPO를
기억하자

언제, 어디에서, 누구와, 무엇 때문에

코디네이션을 할 때 가장 먼저 생각해야 할 것은
TPPO다. 공식적인 자리인가, 상대는 어떤 것을
바라고 있는가, 그 장소에는 어떤 컬러가 어울리
는가 등등 상황을 알아두어야 한다. 그리고 나
서 소재끼리의 조화와 패턴의 매치, 신선하고 새
로운 무언가가 들어가 있는지 등을 생각해야 한
다. 베이식한 아이템에는 신선한 느낌의 디자인
을, 디자인이나 실루엣이 새로운 것이라면 어딘
가에는 무난하고 보편적인 느낌을 추가한다.

예를 들면 컬러끼리의 조합이 평범해 보여도
소재가 새로운 느낌이라면 신선하게 보인다. 결
국 항상 신경 써야 할 것은 무언가를 빼고 더하
느냐다. 객관적인 눈으로 전체가 조화를 이루도
록 염두에 두어야 한다.

옷의 테이스트에 대해 알고 있는 것도 중요하
다. 영국 스타일·아메리칸 스타일·밀리터리 룩
등 어떤 배경을 갖고 있는 스타일인가, 올해 새
롭게 제안되는 스타일은 어떤 것인가 등을 알아
둬야 한다. 잡지를 본다든가, 매장에 가본다든
가, 포인트를 파악해둘 필요가 있다. 다만 그러

한 포인트에 지나치게 집착하게 되면 언제까지
나 자신의 스타일을 만들 수 없다. 기본을 지키
면서도 자신의 취향을 얼마나 잘 나타내는가가
중요하다.

마지막으로 그 자리에서 요구되는 드레스 코
드를 이해하는 것이 필요하다. 필자는 원칙대로
입는 것만이 베이식한 옷차림이라고 생각지 않

는다. 시대의 흐름을 이해하고 있다면 때로는 대담한 시도를 해보는 것도 필요하다. 이런 시도가 워드로브를 풍성하게 하고, 스타일이 따분해지지 않는 비결이다.

구체적인 코디네이션 팁

코디네이션은 면적이 큰 아이템부터 정해 나간다. 다시 말해 수트(재킷·팬츠 등), 셔츠, 넥타이 순서대로 진행한다.

패턴 아이템 스타일링 팁

1 **솔리드**(메인 컬러) × **솔리드**(두 번째 컬러) → **기본적인 코디네이션**

2 **솔리드** × **패턴**(패턴으로서 큰 비중) → **솔리드 수트** × **패턴 셔츠**

3 **작은 패턴** × **솔리드**

4 **중간 패턴** × **작은 패턴** (제직된 패턴의 경우 중간 패턴 크기가 1〜1.5cm, 작은 패턴이 0.5cm)

5 **중간 패턴** × **중간 패턴** (크기가 비슷하지만 느낌이 다른 것)

　※ 시각적으로는 패턴과 패턴이라고 이의를 달 수 있지만, 코디를 하기 위해 치밀한 계산과 미적 감각

　이 필요하다.

6 **중간 패턴** × **큰 패턴**(패턴 크기가 최소 2cm 전후)

7 큰 패턴 × **솔리드**

8 큰 패턴 × **작은 패턴**

9 큰 패턴 × **큰 패턴**(동일한 소재끼리 코디 절대 금물)

　※ 이것은 수트 등과 동일 소재의 동일 원단이 아니다.

소재별 스타일링 팁

1 부드러운 소재 × **부드러운 소재**

　예) 극세사의 수트 원단 × 셔츠

2 부드러운 소재 × **재질감이 있는 소재**

3 재질감이 있는 소재 × **재질감이 있는 소재**

　예) 트위드 재킷 × 플란넬 기모 셔츠

당신이 지금부터 패션에 관심을 가져야 하는 이유

필자는 주말마다 다음 주의 스케줄을 확인하면서 일주일 동안 입을 복장을 미리 정합니다. 이렇게 미리 준비하면 평일에는 '무엇을 입을까' 고민하는 일이 거의 없어 일에 전념할 수 있는 장점이 있습니다. 착장을 맞추는 기준은 언제, 누구를 만나는가, 어디에 가는가를 생각하고 일기 예보를 참고합니다. 전체적인 코디네이션이 우선이지만 진부해 보일 것 같다는 판단이 들면 코디를 바꿔 보기도 합니다. 당일에 마음이 바뀌면 미세한 수정을 할 수 있도록 넥타이만이라도 2~3개 정도를 준비해 둡니다.

"당신은 패션과 관련한 비즈니스를 하니까 그럴 수 있지만 보통 사람들이 그렇게까지는 할 필요는 없을 것 같습니다"라고 말하면 크게 반박할 생각은 없습니다. 그러나 저는 일상생활에서 옷 입기에 대해 관심을 갖고 조금 더 세련되게 연출하도록 노력하는 것이 인생을 풍족하게 만들어 준다고 믿습니다. 좋은 스타일은 스스로에게 자신감을 주고 상대에게 좋은 인상을 줄 것

입니다.

원하는 스타일을 완성하기 위해서는 여유를 갖고 코디네이션 연습을 해볼 필요가 있습니다. 이렇게 옷 입기 훈련이 되면 어떤 곳을 가든, 누구를 만나든 망설이지 않고 자신에게 어울리는 스타일을 연출할 수 있게 될 겁니다.

옷을 보면 어떤 사람인지가 보인다

지금까지 여러 분야의 사람들에게 코디네이션에 대한 조언을 하거나 스타일에 대한 강의도 해왔습니다. 저의 조언으로 단번에 스타일이 좋아질 리는 없지요. 그렇지만 과거에 비해 스타일이 많이 좋아진 그룹은 정치인들이 아닐까 싶습니다. 정치인과 패션은 인연이 멀다고 생각할지도 모릅니다. 그러나 그것은 오해입니다. '자신이 어떻게 보이느냐'를 객관적으로 관리할 수 있느냐 없느냐가 점점 더 중요해지고 있기 때문입니다.

정치인들에게 패션이 중요한 이유는 '대중 앞에 서는 일'이 많기 때문입니다. 선거 활동 시기부터 사람을 만나게 될 기회가 기하급수적으로 늘어납니다. 선거 포스터를 떠올려 보십시오. 자신의 프로필 사진이 이곳저곳에 걸리게 됩니다. 이 한 장의 포스터에 어떤 이미지와 메시지를 담아 보여 주는가는 아주 중요합니다. 친숙함, 단정함, 신뢰감 등 사람들이 느끼는 인상은

한번 고정되면 잘 변하지 않습니다. 선거 포스터용 프로필 사진 한 장이 중요한 이유입니다. 어떤 수트를 입을 것인가, 넥타이는 어떤 컬러가 좋은가, 표정은 어떻게 할 것인가 등 이런 부분까지 세세히 신경을 써야 합니다. 사진 속에 담긴 표정과 옷, 전체적인 느낌이 정말 많은 것을 좌우하게 됩니다.

실제로 대중은 '어떤 말을 하는가'보다 '어떤 사람이 말을 하는가'에 먼저 관심을 갖는 것 같습니다. 시대에 지나치게 뒤떨어진 듯한 스타일이거나 정돈되어 보이지 않는 이미지의 정치인보다는, 깨끗해 보이는 정치인 쪽이 더 설득력 있어 보이는 것은 조금도 이상한 일이 아닙니다.

그리고 이것은 정치인만이 아니고 경영자들도 마찬가지입니다. 날마다 사람들 앞에 서서 많은 주목을 받는 경영자가 패션에 어느 정도 신경을 쓰는 것은 당연한 일입니다. 눈에 띄는 패션을 할 필요는 없지만, 성실하고 품위 있는 스타일은 신뢰감을 크게 높여 줍니다.

필자는 패션이 개인의 취미인 동시에, 비즈니스의 일부라고 생각합니다. 제가 아는 옷을 잘 입는 사람들은 유행이나 자신이 좋아하는 것만이 아닌, 여러 가지 일들에 흥미를 갖고 '지식과 정보'를 중요시하는 사람들이 대부분입니다. 그리고 이런 것들을 자기 나름대로 해석하고 어떻게 받아들이느냐가 그 사람의 겉모습에 나타난다고 생각합니다. 상식과 지식에서 얻은 정보를 정리해서 스스로 노하우로 만들어 나가면 그것이 자신만의 스타일로 자리 잡게 됩니다.

이처럼 오늘날은 패션이 곧 자신을 드러내는 시대입니다. 사회에서 어느 정도 위치에 올라 크든 작든 조직의 리더 혹은 사회의 어른 역할을 하기 위해서는 스스로 품격을 지키고 관록을 보여 주어야 합니다. 롤모델이 되기 위해서는 먼저 본받고 싶은 대상, '저 사람처럼 되고 싶다'는 대상이 되어야 하는 것입니다. 패션이 여기에 중대한 역할을 하는 것은 분명합니다.

나이가 들면 얼굴에 그 사람의 삶이 보인다고 했습니다. 스타일에도 그 사람의 이력이 묻어납니다. 자신의 일에 자신감을 갖고 존경받는 선배가 되는 이들은 옷차림에서도 남다른 점이 있습니다. 검소하더라도 깨끗하고, 남성복의 기본 원칙을 존중하면서 개성을 더하는 센스를 찾을 수 있습니다.

제 책이 조직에서의 리더, 그리고 경영자가 되려는 남성들에게 다양한 정보를 전달할 수 있기를 기대합니다. 평소 패션에 관심이 있었던 분들에게는 더욱 많은 스타일 도전이 이어지기를 응원합니다. 패션에 관심이 없던 분이라면 스타일의 중요성을 알아가기 바랍니다. 지금부터 품격 있게 입기로 결심한 모든 분들의 패션을 응원합니다. 감사합니다.

지금부터 품격 있게 입는다

초판 1쇄 발행일 2019년 1월 21일 ● 초판 3쇄 발행일 2020년 1월 10일

지은이 김두식

사진 최웅식

펴낸곳 도서출판 예문 ● 펴낸이 이주현

본문디자인 이민영

등록번호 제307-2009-48호 ● 등록일 1995년 3월 22일 ● 전화 02-765-2306

팩스 02-765-9306 ● 홈페이지 www.yemun.co.kr

주소 서울시 강북구 솔샘로67길 62(미아동, 코리아나빌딩) 904호

ISBN 978-89-5659-355-5

ⓒ 김두식, 2019

저자 소유의 옷을 본인이 직접 스타일링 하고 집필함